Martin Hageböck

Metabolisierung bioaktiver Substanzen der Nahrung

Martin Hageböck

Metabolisierung bioaktiver Substanzen der Nahrung

Lebensmittelinhaltsstoffe im simulierten Verdauungsmodell

Südwestdeutscher Verlag für Hochschulschriften

Impressum / Imprint

Bibliografische Information der Deutschen Nationalbibliothek: Die Deutsche Nationalbibliothek verzeichnet diese Publikation in der Deutschen Nationalbibliografie; detaillierte bibliografische Daten sind im Internet über http://dnb.d-nb.de abrufbar.

Alle in diesem Buch genannten Marken und Produktnamen unterliegen warenzeichen-, marken- oder patentrechtlichem Schutz bzw. sind Warenzeichen oder eingetragene Warenzeichen der jeweiligen Inhaber. Die Wiedergabe von Marken, Produktnamen, Gebrauchsnamen, Handelsnamen, Warenbezeichnungen u.s.w. in diesem Werk berechtigt auch ohne besondere Kennzeichnung nicht zu der Annahme, dass solche Namen im Sinne der Warenzeichen- und Markenschutzgesetzgebung als frei zu betrachten wären und daher von jedermann benutzt werden dürften.

Bibliographic information published by the Deutsche Nationalbibliothek: The Deutsche Nationalbibliothek lists this publication in the Deutsche Nationalbibliografie; detailed bibliographic data are available in the Internet at http://dnb.d-nb.de.

Any brand names and product names mentioned in this book are subject to trademark, brand or patent protection and are trademarks or registered trademarks of their respective holders. The use of brand names, product names, common names, trade names, product descriptions etc. even without a particular marking in this works is in no way to be construed to mean that such names may be regarded as unrestricted in respect of trademark and brand protection legislation and could thus be used by anyone.

Coverbild / Cover image: www.ingimage.com

Verlag / Publisher:
Südwestdeutscher Verlag für Hochschulschriften
ist ein Imprint der / is a trademark of
OmniScriptum GmbH & Co. KG
Heinrich-Böcking-Str. 6-8, 66121 Saarbrücken, Deutschland / Germany
Email: info@svh-verlag.de

Herstellung: siehe letzte Seite /
Printed at: see last page
ISBN: 978-3-8381-3765-0

Zugl. / Approved by: Berlin, TU, Diss., 2013

Copyright © 2013 OmniScriptum GmbH & Co. KG
Alle Rechte vorbehalten. / All rights reserved. Saarbrücken 2013

Danksagung

Diese Arbeit entstand von April 2009 bis März 2013 am Institut für Biotechnologie der Technischen Universität Berlin sowie im Forschungsinstitut für Mikrobiologie der Versuchs- und Lehranstalt für Brauerei Berlin mit Hilfe der finanziellen Förderung im Rahmen des BmBF Forschungsvorhabens „Ernährungsforschung für ein gesundes Leben" Modul: Biomedizinische Ernährungsforschung im Rahmenprogramm „Biotechnologie – Chancen nutzen und gestalten".

Zunächst möchte ich mich bei Herrn Prof. Dipl.-Ing. Dr. Ulf Stahl für die Überlassung des Themas, die gute Betreuung und vor allem für das mir entgegengebrachte Vertrauen bedanken.

Herrn Prof. Dr. Lothar W. Kroh danke ich sehr für die Übernahme des Koreferates, aber auch für das Interesse an den gemeinsamen Fragestellungen und die Anregungen für neue Projektideen.

Mein Dank gilt ebenso Herrn Prof. Dr. Leif-Alexander Garbe für die gute Zusammenarbeit, sowie die regelmäßigen Treffen und die hilfreiche Unterstützung im BmBF-Projekt.

Weiterhin möchte ich mich ganz besonders bei Prof. Dr. Johannes Bader bedanken, der mit seinen wertvollen Ratschlägen und Anmerkungen wesentlich zu meiner wissenschaftlichen und charakterlichen Entwicklung und somit zur Entstehung dieser Arbeit beigetragen hat. Frau Dr. Edeltraud Mast-Gerlach danke ich für die fachliche Betreuung und Unterstützung in der Anfangszeit meiner Promotion.

Für die Anmerkungen zu den Untersuchungen der Kreatinderivate und die Hilfestellungen bei der Veröffentlichung der Ergebnisse danke ich Frau Dr. Babara Nieß von der Firma AlzChem AG Trostberg. Herrn Frank Lienig von der Firma Liven GmbH c/o Lienig Wildfrucht-Verarbeitung möchte ich für die Bereitstellung der Komponenten aus Schwarzer Johannisbeere und der Mitarbeit im BmBF-Projekt danken.

Zudem gilt ein großer Dank Denise Schütt und Nina Beesk. Ohne ihre zahlreichen Analysen und ihre Hilfestellung bei vielen Fachfragen wäre diese Arbeit nicht möglich gewesen.

Ganz herzlich bedanke ich mich auch bei Julia Schmidt für ihre Unterstützung bei der Durchführung der Versuche und die scheinbar endlosen Messungen am Photochem.

Dem gesamten Team der Mikrobiologie danke ich für die angenehme und freundschaftliche Arbeitsatmosphäre. Besonders danke ich Isil für den kontinuierlichen Nachschub an Literatur und die Diskussion über zahlreiche Fragestellungen bei der gemeinsamen Bearbeitung des BmBF-Projektes. Sandra danke ich für ihre guten Ratschläge zu Posterlayouts und Vorträgen und die heiteren Momente im Labor.

Vielen Dank auch an alle Freunde, die sich für meine Arbeit interessiert und mit den geselligen (Skat)runden immer einen guten Ausgleich zum Alltag geschaffen haben.

Meiner ganzen Familie danke ich ganz herzlich für den Rückhalt bei all meinen Vorhaben, den Rückzugsort oder einfach ihrem Interesse am Stand meiner Arbeit.

Mein größter Dank gilt aber meiner Frau Ulrike, die jederzeit an das Gelingen dieser Arbeit geglaubt und ihr liebevolles Verständnis auch in turbulenten Zeiten nicht verloren hat. Die gemeinsamen Erlebnisse mit unseren beiden Söhnen Finn und Nils stellen für mich immer wieder die größte Motivation dar! Danke!!!

Inhaltsverzeichnis

1 Einleitung **1**
   1.1   Metaorganismus Mensch 1
       1.1.1   Haut 2
       1.1.2   Vaginaltrakt 2
       1.1.3   Atemwege 3
       1.1.4   Verdauungstrakt 3
            1.1.4.1   Mund 3
            1.1.4.2   Magen 4
            1.1.4.3   Dünndarm 4
            1.1.4.4   Dickdarm 5
       1.1.5   Rolle der Mikrobiota in Dünn- und Dickdarm 6
            1.1.5.1   Metabolisch/nutritiver Einfluss der intestinalen Mikrobiota 6
            1.1.5.2   Intestinale Barriere 7
            1.1.5.3   Immunsystem 7
            1.1.5.4   Gehirn und endokrines System 8
       1.1.6   Änderungen der Mikrobiota 8
            1.1.6.1   Antibiotika 8
            1.1.6.2   Alter 9
            1.1.6.3   Krankheiten 10
            1.1.6.4   Nahrung 10
            1.1.6.5   Pflanzeninhaltsstoffe 12
   1.2   Polyphenole 13
       1.2.1   Ernährungsphysiologische Bedeutung der Polyphenole 14
            1.2.1.1   Antioxidatives Potential 14
            1.2.1.2   Einfluss der Polyphenole auf die Darmmikrobiota 16
            1.2.1.3   Weitere gesundheitliche Wirkungen der Polyphenole 16
       1.2.2   Bioverfügbarkeit 17
       1.2.3   Mikrobielle Umsetzung der Polyphenole 19
   1.3   *In vitro* Verdauungsmodelle 21

2 Zielsetzung **23**

3 Material und Methoden **24**
   3.1   Verwendete Mikroorganismen 24
   3.2   Verwendete Medien 24
   3.3   Stammführung 26
       3.3.1   Lagerung 26
       3.3.2   Anaerobe Vorkulturführung 26
   3.4   *In vitro* Verdauungsmodell 26
       3.4.1   Bioreaktoren 26
       3.4.2   Verdauungsstufen 27
   3.5   Verwendete polyphenolreiche Produkte 28
   3.6   Verwendete Kreatinderivate und Probenbehandlung 29

3.6.1 Freisetzung der Derivate 29
3.6.2 Einsatz der Derivate im *in vitro* Verdauungsmodell 29
3.7 Analytik 30
3.7.1 Zellzahlbestimmung 30
3.7.2 Organische Säuren und Zucker 30
3.7.3 Kreatin und Kreatinin 30
3.7.4 Bestimmung der Anthocyane mittels HPLC 31
3.7.5 Ermittlung monomerer und polymerer Anthocyane 31
3.7.6 Bestimmung weiterer phenolischer Verbindungen 32
3.7.7 Gesamtphenolbestimmung nach Folin-Ciocalteau 33
3.7.8 Gesamtstickstoffbestimmung 33
3.7.9 Antioxidatives Potential 34
3.7.10 Aktivitätsbestimmung von α-Amylase 34
3.7.11 Aktivitätsbestimmung pankreatischer Lipase 35

4 Ergebnisse 36
4.1 Entwicklung des *in vitro* Verdauungsmodells 36
4.2 Metabolisierung von Gluconsäure 37
4.3 Metabolisierung phenolischer Reinsubstanzen 38
    4.3.1 Umsetzung von Anthocyanen 39
        4.3.1.1 Umsetzung von Cyanidin-3-O-rutinosid 39
        4.3.1.2 Monomere und polymere Anteile und Ermittlung des antioxidativen Potentials von Cyanidin-3-O-rutinosid im *in vitro* Modell 40
        4.3.1.3 Umsetzung von Cyanidin und Delphinidin 41
    4.3.2 Umsetzung von Flavonolen 44
    4.3.3 Umsetzung von Hydroxyzimtsäuren und deren Estern 47
        4.3.3.1 Hydroxyzimtsäuren 47
        4.3.3.2 Einfluss von Mucin 48
        4.3.3.3 Chlorogensäure 49
    4.3.4 Umsetzung von Brenzcatechin 50
4.4 Umsetzung von Heißextrakt aus Johannisbeertrester 51
    4.4.1 Zusammensetzung 52
    4.4.2 Anthocyankonzentrationen 52
    4.4.3 Monomere und polymere Anthocyane und Ermittlung des antioxidativen Potentials von Heißextrakt im *In vitro* Modell 53
4.5 Umsetzung von Johannisbeersaft 54
    4.5.1 Zusammensetzung 54
    4.5.2 Anthocyankonzentration 55
    4.5.3 Einfluss der einzelnen Verdauungsstufen 55
    4.5.4 Monomere und polymere Anthocyane und Ermittlung des antioxidativen Potentials von Johannisbeersaft im *in vitro* Modell 58
4.6 Umsetzung von vergorener Bierwürze 59
    4.6.1 Zusammensetzung 60

4.6.2 Anthocyankonzentration 60
4.6.3 Monomere und polymere Anthocyane und Ermittlung des antioxidativen Potentials von vergorener Bierwürze im *in vitro* Modell 61
4.7 Vergleich der Resorptionsverfügbarkeit 62
4.8 Einfluss auf Verdauungsenzyme 63
    4.8.1 Einfluss auf α-Amylase 63
    4.8.2 Einfluss auf Lipase 64
4.9 Industrielle Anwendung 65
    4.9.1 Voruntersuchungen 66
    4.9.2 Stabilität verschiedener Kreatinderivate 67

5 Diskussion 70
5.1 Umsetzung von organischen Säuren 70
5.2 Umsetzung der Polyphenole 71
5.3 Einflussfaktoren auf die Resorptionsverfügbarkeit der Anthocyane ...77
5.4 Wechselwirkungen von Polyphenolen mit Proteinen des Verdauungstraktes ...80
5.5 Antioxidatives Potential 83
5.6 Industrielle Anwendung 85

6 Zusammenfassung 87

7 Ausblick 88

8 Verzeichnisse 89
8.1 Literaturverzeichnis 89
8.2 Abbildungsverzeichnis 104
8.3 Tabellenverzeichnis 106
8.4 Abkürzungen und Formelzeichen 107

9 Anhang 108

1 Einleitung

1.1 Metaorganismus Mensch

Im Laufe der Evolution hat sich eine komplexe Symbiose zwischen Mensch und einer Vielzahl von Bakterien, Viren und Pilzen ausgebildet. Dabei kommt es zu vielfältigen Interaktionen zwischen den Mikroorganismen untereinander sowie Wechselwirkungen zwischen den menschlichen Zellen oder Enzymen mit den Bakterien (Ottaviani et al. 2011, Costello et al. 2012, Nicholson et al. 2012). Durch die Entwicklung neuer molekularbiologischer Hochdurchsatzmethoden sind die Erkenntnisse über das Mikrobiom, also die Gesamtheit der den Menschen besiedelnden Organismen, rasant gestiegen. Die Anzahl der Gene der an der Symbiose beteiligten Mikroorganismen (Metagenom) übersteigt die des menschlichen Genoms dabei um den Faktor 100 (Hattori und Taylor 2009). Immer mehr wird deutlich, dass die Bakterien dabei Funktionen übernehmen, die durch das menschliche Genom nicht erfüllt werden. So kommt es durch die sich in Abhängigkeit der jeweiligen individuellen genetischen und physiologischen Gegebenheiten entwickelte Mikrobiota zu einer Vielzahl von Einflüssen auf unsere Gesundheit. Der Mensch gilt aufgrund dieser Symbiose daher auch als „Metaorganismus" oder „Superorganismus" (Gill 2006, Mai und Draganov 2009, Bosch und McFall-Ngai 2011).

Eine Reihe aufwändiger und umfassender interdisziplinärer Studien startete in den letzten Jahren, um vor allem die Zusammensetzung der Mikrobiota auf der Haut, im nasalen und oralen sowie intestinalen und urogenitalen Trakt zu analysieren und deren Gesundheitsbeitrag aufzuklären. So startete in den USA im Jahr 2007 das Human Microbiome Project mit dem Ziel, die mit dem Menschen assoziierten Mikroorganismen zu identifizieren und deren Gene zu sequenzieren (Turnbaugh et al. 2007, Huttenhower et al. 2012, Fodor et al. 2012). Das europäische Eldermet Projekt erfasst hauptsächlich die Änderungen der Mikrobiota, die in den älteren Bevölkerungsschichten eintreten (Claesson et al. 2011, Claesson et al. 2012). In diesem Zusammenhang wird vermutet, dass einige altersbedingte Krankheiten wie Diabetes, ein höheres Krebsrisiko und ein schwächeres Immunsystem durch die veränderte Intestinalmikrobiota begünstigt werden. Das intestinale Metagenom wird im europäischen MetaHIT-Projekt auch in Hinblick auf eine mögliche Einordnung der Menschen (Enterotypen) nach ihrer typischen Zusammensetzung der Darmmikrobiota untersucht (Arumugam et al. 2011). In den genannten Projekten liegt der Fokus in der Aufklärung der verschiedensten Einflüsse und Interaktionen zwischen Bakterien und Mensch sowie der Relevanz bei der Entstehung von Krankheiten. Die Erkenntnisse könnten zu einer Strategie führen, die nach Analyse des individuellen Metagenoms gezielte Änderungen der Mikrobiota und deren Interaktionen anstrebt, und somit zu einer personalisierten Gesundheitstherapie beiträgt (Haiser et al. 2012, Holmes et al. 2012, Lemon et al. 2012). Die nächsten Kapitel geben zunächst eine Übersicht über die hauptsächliche Mikrobiota des Menschen und deren Funktionen.

Einleitung

1.1.1 Haut

Die Bakterien auf der Haut lassen sich in die 4 hauptsächlichen phylogenetischen Gruppen der Firmicutes, Bacteroides, Proteobacteria und Actinobacteria einteilen. Die Milieu-Parameter der Haut unterscheiden sich je nach Region stark. Dementsprechend variiert auch die Besiedelung der einzelnen Bereiche (Grice und Segre 2011). Während die trockenen Bereiche wie Unterarme trotz der geringeren Zellzahl die höchste phylogenetische Diversität und eine sehr variable Zusammensetzung aufweisen, wurde in den talgreichen Bereichen (Nase, Stirn, Rücken und Schultern) eine weniger diverse Mikrobiota nachgewiesen. Dabei dominieren vor allem die Propionibakterien. Fußsohlen und Fingerzwischenräume zählen zu den feuchteren Hautstellen und werden von verschiedenen Stämmen von Staphylococcus und Corynebacterium besiedelt. Je nach Hautbereich zeigen sich zwischen einzelnen Individuen zum Teil sehr große Unterschiede (Kong 2011, Grice und Segre 2011). Über die Funktionen, die die Bakterien auf der Haut übernehmen, sind bisher noch keine umfassenden Erkenntnisse gesichert. Es kann aber angenommen werden, dass sie einen direkten Schutz vor pathogenen Keimen bieten und gleichzeitig eine wesentliche Rolle bei der Ausbildung des Säureschutzmantels der Haut einnehmen (Cogen et al. 2008, Kong 2011).

1.1.2 Vaginaltrakt

Lactobacillen bilden die dominante Gruppe der vaginalen Mikrobiota (Cribby et al. 2008, Jespers et al. 2012). Je nach Untersuchungsmethode kann dabei die gesunde Mikrobiota in verschiedene Gruppen unterteilt werden, die sich durch die Hauptanteile an spezifischen Lactobacillen wie *Lactobacillus iners* oder *Lactobacillus crispatus* unterscheiden (Ravel et al. 2011, Hummelen et al. 2012). Die normale vaginale Mikrobiota nimmt eine wichtige Rolle bei der Vorbeugung gegen sexuelle Infektionen und HIV ein (Cribby et al. 2008). Unerwünschte Keime werden vor allem durch den niedrigen pH-Wert, gebildete Milchsäure und bakterizide Substanzen gehemmt. Gajer et al. (2012) zeigten, dass die Stabilität der Mikrobiota dabei abhängig von den Bakterienklassen, aber auch anderen individuellen Parametern wie dem Menstruationszyklus und der sexuellen Aktivität ist. Die Dominanz der Lactobacillen wurde durch diese Faktoren jedoch nicht verändert (Jespers et al. 2012). Charakteristische Änderungen in der Zusammensetzung der Mikrobiota zeigten sich dagegen in Zusammenhang mit bestimmten Krankheitsbildern, bei denen sich vor allem Verschiebungen innerhalb der phylogenetischen Gruppen der Bacteroides, Actinobacteria und Fusobacteria zeigten (Ling et al. 2012). Einige kommerziell erhältliche probiotische Mittel wie Vaginalzäpfchen oder Tampons versprechen eine Stabilisierung der gesunden vaginalen Mikrobiota durch die enthaltenen probiotischen Stämme. Die Wirkung vieler dieser Produkte ist jedoch strittig und wird diskutiert (Cribby et al. 2008).

Einleitung

1.1.3 Atemwege

Lange Zeit galt die Lunge als keimfrei. Generell ist es sehr schwierig, an ausreichendes und repräsentatives Analysematerial aus der Lunge zu kommen. Charlson und Mitarbeiter (2011) versuchten mit Hilfe verschiedener Probenahmesysteme und Vergleichsanalysen eine Beeinflussung der Proben durch Begleitflora aus den oberen Atemwegen auszuschließen. Ihre Analysen der 16S rRNA zeigten dabei eine geringe in der Lunge vorkommende Mikrobiota, die sich vor allem aus Streptococcaceae, Veillonellaceae, Fusobacteriaceae und Neisseriaceae zusammensetzte. Damit weist sie eine sehr ähnliche Zusammensetzung wie die orale Mikrobiota oder Mikrobiota der oberen Atemwege auf, so dass davon ausgegangen werden kann, dass die Besiedelung der Lunge vor allem durch Mikroaspiration von Material aus diesen Bereichen stattfindet. Zwischen den untersuchten Individuen zeigte sich eine homogene Zusammensetzung der Lungenmikrobiota (Charlson et al. 2011).

1.1.4 Verdauungstrakt

Im gesamten Verlauf des menschlichen Verdauungstraktes sind eine Vielzahl von unterschiedlichen Mikroorganismen nachgewiesen worden. Diese sind an die jeweiligen physiologischen Bedingungen der einzelnen Abschnitte angepasst und erfüllen dort zahlreiche spezifische Funktionen, die zu den Wechselwirkungen mit dem Menschen und dessen Gesundheitszustand beitragen. In den nächsten Abschnitten werden die physiologischen Bedingungen der einzelnen Verdauungsabschnitte näher betrachtet, wobei das Hauptaugenmerk auf den mikrobiellen Gegebenheiten insbesondere in den Bereichen des Darmes gerichtet ist.

1.1.4.1 Mund

Im Mund findet eine erste Zerkleinerung der Nahrung statt. Durch den Speichel kommt es zu einer Einschleimung der Nahrung, und die enthaltenen Enzyme wie α-Amylase führen zu einer ersten Hydrolyse von glycosidischen Bindungen. Diese spielt aufgrund der kurzen Transitzeit für die Verdauung zwar nur eine untergeordnete Rolle, aber schon mit einer Spaltung von 0,1% aller glycosidischen Bindungen in Stärke verringert sich deren Molekülgröße um den Faktor 100 (Rehner und Daniel 2010). Dies führt so zu einer verminderten Viskosität und erleichtert das Schlucken und den Transport in den Magen. In der Mundhöhle wurde in Speichel, auf der Zunge sowie an den Mandeln und Zähnen eine vielfältige Mikrobiota mit bis zu 600 unterschiedlichen Spezies identifiziert, von denen bisher nur 65% kultivierbar sind (Dewhirst et al. 2010). Die im Rahmen des Human Microbiome Project erstellte Datenbank listet dabei als hauptsächliche phylogenetische Gruppen im Mund die Firmicutes, Bacteroides, Proteobacteria, Actinobacteria, Spirochaetes und Fusobacteria auf. Die Mikrobiota liegt zu einem Großteil auch in Biofilmen vor, die einen großen Einfluss auf verschiedene Krankheiten im Mund-Rachenraum haben können. So wurden im Zahnplaque bis zu 60% Streptococcen festgestellt, die durch pH-Absenkung zur Zersetzung des Zahnschmelzes beitragen (Pflughoeft und Versalovic 2012). Durch Faktoren wie Essen, Trinken und Atmen

Einleitung

unterliegt der Mundraum einer stetigen mikrobiellen Neubesiedelung (Dewhirst et al. 2010).

1.1.4.2 Magen

Im Magen liegt in nüchternem Zustand durch die Produktion von Magensaft ein sehr saures Milieu mit niedrigen Werten um pH 1,7-2,0 vor (Dressmann et al. 1990, Kalantzi et al. 2006). In Abhängigkeit von der aufgenommenen Nahrung kommt es zu einer kurzfristigen Erhöhung bis auf pH 4,5 bis 6,0. Durch die pH-Bedingungen, eine kurze Transitzeit von durchschnittlich 2 Stunden und der ausgeprägten Peristaltik liegen im Magen nur geringe Bakterienkonzentrationen vor. Die durchschnittlichen Angaben gehen von Konzentrationen bis zu 10^1-10^3 Z/g Inhalt aus, wobei ein Großteil der identifizierten Mikroorganismen zu den aeroben bzw. aerotoleranten Keimen wie Hefen, Streptococcus, Stapyhlococcus und Lactobacillen zugeordnet wird (Berg 1998, Gasbarrini et al. 2008). Die meisten Mikroorganismen stammen dabei aus der aufgenommenen Nahrung. Daneben wurden in 50% der Bevölkerung auch Helicobacter-Stämme als Bestandteil der gastrointestinalen Mikrobiata im Magen identifiziert. Vor allem *Helicobacter pylori* gilt als Krankheitserreger und steht im Verdacht, schwere Magenschleimhautentzündungen und Geschwüre auszulösen. Daraufhin wurden standardmäßig antimikrobielle Therapien gegen *H. pylori* eingeführt. Neuere Studien stehen der Meinung eines ausschließlich krankhaften Status durch *H. pylori* kritisch gegenüber, da bei 80% der Menschen keine Symptome auftreten und mit der Bekämpfung von *H. pylori* vermehrt andere entzündliche Krankheiten oder Allergien zu verzeichnen waren (Blaser 2006, Pflughoeft und Versalovic 2012, Ballal et al. 2011). Durch Perry und Mitarbeiter (2010) wurde nachgewiesen, dass von *H. pylori* sogar ein Schutz vor Tuberkulose ausgeht.

1.1.4.3 Dünndarm

Nach der schubweisen Freigabe aus dem Magen gelangt der Speisebrei in den Dünndarm, der in die 3 Teile Duodenum (Zwölffingerdarm), Jejunum (Leerdarm) und Ileum (Krummdarm) aufgeteilt werden kann. Der Speisebrei wird zunächst durch den Duodenalsaft neutralisiert. Durch die ebenfalls enthaltenen Verdauungssekrete und Enzyme (Lipasen, Amylasen, Proteasen) aus Pankreas und Leber findet eine intensive enzymatische Umsetzung der Nahrungsbestandteile statt. Diese werden über die stark vergrößerte Oberfläche des Epithels resorbiert. Durch die geringe Transitzeit im Duodenum und hohen Konzentrationen an Gallensalzen liegen in diesem Bereich nur Bakterienkonzentrationen von 10^3 bis 10^4 Z/g Inhalt vor (Berg 1996, Holzapfel et al. 1998, Blaut und Clavel 2007). Dabei handelt es sich wiederum meist um mit der Nahrung aufgenommene Keime. Das Verhältnis zwischen aerotoleranten und obligat anaeroben Keimen ist in etwa ausgeglichen. Auch wenn die Zellkonzentrationen in diesem Bereich noch niedrig sind, so spielen sie für die Ausbildung und Funktion des Immunsystems eine wesentliche Rolle (Guarner 2006, Schwartz et al. 2012). Im weiteren Verlauf des Ileums und Jejunums nimmt sowohl die Konzentration der Bakterien als auch deren Vielfalt deutlich zu. So ist in diesen Bereichen von bis zu 10^8 Z/g Inhalt auszugehen. Neben

Einleitung

Lactobacillen und Bifidobakterien wurden auch zunehmend obligat anaerobe Bakterien wie Bacteroides und Fusobacterium identifiziert (Holzapfel et al. 1998).

1.1.4.4 Dickdarm

Der sich an den Dünndarm anschließende Dickdarm kann in aufsteigenden (*ascendens*), querverlaufenden (*transversum*) und absteigenden (*descendens*) Kolon aufgeteilt werden. Die durchschnittlichen pH-Bedingungen reichen hier von pH 5,5 im aufsteigenden, pH 6,2 im querverlaufenden und pH 6,8 im absteigenden Bereich (Cummings und Macfarlane 1991, Guarner 2006). Lange Zeit ging man davon aus, dass die hauptsächliche Funktion des Dickdarms in der fast vollständigen Resorption von Wasser und anderen Nährstoffen besteht. Seit einiger Zeit steht jedoch die Fermentation von schwer verdaulichen Nahrungsbestandteilen, die der Verdauung oder Aufnahme im Dünndarm entgangen sind, im Vordergrund (Tuohy et al. 2009). Eine wesentliche Rolle kommt dabei der im Dickdarm vorherrschenden Mikrobiota zu, die in einer durchschnittlichen Konzentration von 10^{11}-10^{12} Z/g Inhalt vorliegt (Berg 1996).

Schon mit herkömmlichen mikrobiologischen Bestimmungsmethoden ging man von über 500 verschiedenen Spezies im Dickdarm aus (Berg 1996, Gasbarrini et al. 2008). Dabei waren die traditionellen Methoden zur Isolierung und Kultivierung sehr limitiert und es wurde vermutet, dass mindestens 40% der Spezies nicht zu kultivieren waren (Berg 1996). Mit der Entwicklung neuer molekularbiologischer Methoden, wie next generation sequencing, Fluorescence *in situ* Hybridisierung (FISH) und Analysen der ribosomalen 16s RNA, erhielten viele Arbeitsgruppen Hinweise auf 1000-1500 verschiedene Spezies, wobei bis zu 60% vorher nicht bekannt waren (Eckburg 2005, Gill 2006, Qin et al. 2010). Die heutigen Methoden zeigen einen Anteil an nicht kultivierbaren Mikroorganismen von bis zu 80% (Eckburg 2005) und bieten somit ein effektives Tool, um auch diese Bakterien zu analysieren (Streit und Schmitz 2004). Zu 99,9% liegen obligat anaerobe Bakterien im Dickdarm vor (Eckburg 2005).

Trotz der Vielfalt der Mikroorganismen im Dickdarm zeigen Studien, dass mehr als 90% der Bakterien nur 2 phylogenetischen Gruppen, nämlich den Bacteroides und Firmicutes (z.B. Clostridiaceae, Eubacteriaceae, Lactobacillaceae) zugeordnet werden können (Eckburg 2005, Gill 2006, Kurokawa et al. 2007, Turnbaugh et al. 2008, Qin et al. 2010). In geringeren prozentualen Anteilen wurden die phylogenetischen Gruppen der Actinobacteria (z.B. Bifidobacteriaceae) und Proteobacteria nachgewiesen (z.B. Enterobacteriaceae). Dabei unterscheidet sich die Mikrobiota an der Mucosa der Darmwand deutlich von der luminalen Mikrobiota (Eckburg 2005). Bleiben Faktoren wie Lebensumstände, Nahrung und Gesundheitsfaktoren nahezu konstant, so ist innerhalb eines Individuums von einer relativ stabilen Zusammensetzung der hauptsächlichen Mikrobiota auszugehen (Hattori und Taylor 2009, Clemente et al. 2012).

Die Zusammensetzung der Darmmikrobiota verschiedener Individuen zeigt dagegen oft große Unterschiede (Eckburg 2005, Kurokawa et al. 2007). Vor allem das Verhältnis von Bacteroides und Firmicutes kann dabei sehr schwanken. So zeigten sich Verhältnisse von bis zu 90% Bacteroides zu 10% Firmicutes bis hin zu genau umgekehrten Verhältnissen

Einleitung

(Marchesi 2011). Die interindividuellen Unterschiede haben dabei die verschiedensten Ursachen (siehe Punkt 1.1.6). Bei der statistischen Analyse von 22 neuen europäischen Metagenom-Studien und dem Vergleich mit vorhandenen Datensätzen zeigten Arumugam und Mitarbeiter (2011) die Möglichkeit auf, das Mikrobiom anhand von Metagenomanalysen in drei große Typgruppen, den Enterotypen, einzuteilen. Anhand der Variationen in den assoziierten Gattungen und Speziesgruppen können Enterotyp 1 (Bacteroides), Enterotyp 2 (Prevotella) und Enterotyp 3 (Ruminococcus) unterschieden werden. Es konnte weiterhin gezeigt werden, dass ein Kern von weniger als 0,5% der verschiedenen im Dickdarm gefundenen Bakterienstämmen in allen Probanden zu finden war (Turnbaugh et al. 2008). Weitere Arbeiten stützen die Thesen einer Gruppe von Mikroorganismen, die als fester Bestandteil im Großteil der untersuchten Personen zu finden sind (Rajilić-Stojanović et al. 2009, Ottman et al. 2012). Dabei scheinen vor allem *Bacteroides thetaiotamicron*, *Faecalibacterium prausnitzii*, *Roseburia intestinales* und *Eubacterium species* von Bedeutung zu sein (Eckburg 2005, Qin et al. 2010, Lozupone et al. 2012). *F. prausnitzii* hat dabei einen Anteil von 5-15% an der gesamten Mikrobiota, 5-10% der gesamten Spezies können *Eubacterium rectale* und *Roseburia species* zugeordnet werden.

1.1.5 Rolle der Mikrobiota in Dünn- und Dickdarm

Durch die Vielzahl der Bakterien im Darm und aktuelle Metagenomanalysen wird immer deutlicher, dass die Darmmikrobiota eine Reihe wichtiger Funktionen ausübt und einen großen Einfluss auf den gesundheitlichen Zustand des Menschen hat (Guarner und Malagelada 2003, Cho und Blaser 2012). Das Mikrobiom enthält 100mal mehr Gene als das menschliche Genom und komplettiert im Körper viele Funktionen (Turnbaugh et al. 2007). Die Darmmikrobiota wird daher auch oft als „vergessenes Organ" bezeichnet (O'Hara und Shanahan 2006, Gasbarrini et al. 2008). Die Metagenomanalysen erfassen allerdings die gesamte genetische Vielfalt einer Probe, zwischen exprimierten und nicht exprimierten Genen kann dabei nicht unterschieden werden (Ottman et al. 2012). Viele Funktionen werden auch nur bei bestimmten Einflüssen stimuliert und aktiviert (Tuohy et al. 2009). Weiterhin konnten 45 bis 80% der ermittelten Gene noch keiner eindeutigen Funktion zugeordnet werden (Kurokawa et al. 2007). Die Aussage zu jeweiligen metabolischen Aktivitäten eines Zeitpunkts muss also auch immer kritisch betrachtet werden. Grundsätzlich scheinen aber hauptsächliche Wechselwirkungen zwischen Mensch und Darmmikrobiota auf metabolischer und nutritiver sowie immunologischer Ebene stattzufinden (Qin et al. 2010, Marchesi 2011).

1.1.5.1 Metabolisch/nutritiver Einfluss der intestinalen Mikrobiota

Zum einen synthetisieren verschiedene Bakterien wichtige Vitamine wie Vitamin K und B-Vitamine (Gasbarrini et al. 2008, LeBlanc et al. 2011). Die gebildeten Vitamine stehen dann zu einem gewissen Teil auch dem Menschen zur Verfügung. Eine der bedeutendsten Funktionen der Darmbakterien besteht in der Fermentation von schwer bzw. nicht verdaubaren Nahrungsmittelinhaltsstoffen wie komplexen Polysacchariden

Einleitung

(Inulin, resistente Stärke). Metagenomanalysen zeigen, dass bis zu 24% der gesamten Gene in Verbindung mit dem Stoffwechsel von Kohlenhydraten und Transport gebracht werden können (Kurokawa et al. 2007). Zu den wichtigsten Metaboliten der mikrobiellen Fermentation zählen auch die kurzkettigen Fettsäuren (SCFA) wie Acetat, Butyrat und Propionat. Mit der Bildung dieser SCFA kommt es zu einer Reihe positiver Wirkungen auf die Physiologie des Menschen. Vor allem Butyrat dient als wichtige Energiequelle für die Kolonozyten, die bis zu 60% ihrer Energie aus den SCFA ziehen (Topping und Clifton 2001). Am Gesamtenergiegewinn des Menschen sind diese kurzkettigen Fettsäuren zu 10% beteiligt (Tuohy et al. 2009). Weiterhin haben die kurzkettigen Fettsäuren antikanzerogene Eigenschaften und spielen eine große Rolle bei der Regulierung der Zellproliferation. Durch Einflüsse auf die Genexpression (z.B. Regulierung der Histone Deacetylase) werden so wichtige Funktionen wie Reduzierung der Apoptose der gesunden Enterozyten und gleichzeitig Induzierung der Apoptose von Krebszellen aktiviert (Kiefer et al. 2006, Hosseini et al. 2011). Weiterhin wirken die SCFA antioxidativ und antimikrobiell und beeinflussen die Transitzeit und Darmperistaltik (Topping und Clifton 2001, Guilloteau et al. 2010, Nicholson et al. 2012).

1.1.5.2 Intestinale Barriere

Da die natürlichen Darmbakterien in hoher Zahl auf der Mucosa der Darmepithelzellen und in deren Umgebung vorhanden sind, stellen sie einen wichtigen Teil der intestinalen Barriere dar. Hauptaufgabe ist der Schutz vor einem Eindringen potentiell pathogener Keime wie enterohämorrhagischen Stämmen von *Escherichia coli* oder Toxin bildenden Stämmen von *Clostridium difficile*. Die gesunde Mikrobiota nimmt dabei eine wesentliche Rolle bei der Regulierung der Zellregenerierung und Proliferation des Darmepithels ein und führt zur Stärkung der intestinalen Barriere (Yu 2012). Durch die Mikroorganismen z.B. probiotische Lactobacillen (*L. acidophilus, L. reuteri*) werden aber auch direkt antibakterielle Substanzen gebildet, die die Ansiedelung von pathogenen Keimen hemmen.

1.1.5.3 Immunsystem

Neben der luminalen Besiedelung des Darmes findet sich auch ein komplexes Netzwerk von Bakterien an der Mucosa des Darmes. Neben einer Schutzfunktion dieses Biofilms gegen die Besiedelung mit potentiell pathogenen Keimen zeigen sich auch direkte Wechselwirkungen mit dem Immunsystem. In keimfreien Mäusen konnte aufgezeigt werden, dass es durch ein Fehlen der Mikrobiota zu einer Reduzierung der Konzentrationen an Immunglobulin A kommt und die Ausbildung und Funktion des Immunsystems somit stark beeinträchtigt ist (Round 2009, Hooper 2012). Durch die Bakterien kommt es aber auch zur Stimulierung von Zellwandrezeptoren (Toll-like Rezeptoren), die für das Erkennen einer bakteriellen Infektion verantwortlich sind. Dadurch werden verschiedene Zytokine wie TNF-α oder IL-6 freigesetzt und das Immunsystem stimuliert und adaptiert (Preidis und Versalovic 2009, Ottaviani et al. 2011).

Einleitung

1.1.5.4 Gehirn und endokrines System

Die Mikrobiota im Darm ist auch an der Entwicklung von Gehirnfunktionen beteiligt und hat einen Einfluss auf das endokrine System und die Hormonausschüttung (Heijtz et al. 2011, Manco 2012). So stehen perinatale Infektionen mit pathogenen Keimen in Zusammenhang mit dem Auftreten verschiedener neuronaler Erkrankungen wie Autismus und Depressionen (Finegold et al. 2010, Patterson 2011). In keimfreien und mit enteropathogenen Keimen infizierten Mäusen zeigten sich Entwicklungsstörungen in verschiedenen Gehirnbereichen und eine erhöhte Stressantwort durch Stresshormone (Sudo et al. 2004). Abhängig von der Zeit und dem Fortschreiten der Symptome konnten dabei reversible Effekte durch das Transplantieren einer gesunden Darmmikrobiota oder durch einzelne Kulturen von *Bifidobacterium infantis* herbeigeführt werden.

1.1.6 Änderungen der Mikrobiota

Je deutlicher der Zusammenhang zwischen der gesamten Mikrobiota des Menschen und dessen Einfluss auf wesentliche Funktionen und den menschlichen Gesundheitszustand wird, desto mehr rückt die Idee einer gezielten Änderung der Mikrobiotazusammensetzung in den Vordergrund einer personalisierten Therapie (Haiser et al. 2012, Holmes et al. 2012, Lemon et al. 2012). Dabei spielen neben genetischen Faktoren auch viele Lebensumstände wie Stressfaktoren und Nahrungsaufnahme eine wesentliche Rolle. Eine strikte Abgrenzung der einzelnen Einflüsse voneinander ist nur schwer möglich. Wichtige Punkte, die einen Einfluss auf die Zusammensetzung der Mikrobiota haben, sind in den folgenden Abschnitten zusammengefasst.

1.1.6.1 Antibiotika

Eine Therapie mit Antibiotika führt in vielen Fällen zu einer schwerwiegenden Änderung und Beeinflussung der Darmmikrobiota. Allgemein nimmt die Diversität der einzelnen Spezies im Darm um ein Vielfaches ab. Je nach Antibiotikum und verdrängten Stämmen kann sich diese Veränderung auch über einen längeren Zeitraum hinziehen. So sind einige Stämme auch nach Monaten nicht wieder im Dünn- bzw. Dickdarm angesiedelt (Clemente et al. 2012). Die Änderung führt im Allgemeinen zu einem erhöhten Risiko der Fehlbesiedelung mit potentiell pathogenen Keimen wie bestimmten Clostridien, Hefen und Enterobacteriaceae (Preidis und Versalovic 2009). Eine der Auswirkungen ist die mit Antibiotika assoziierte Diarrhoe und allgemein erhöhter oxidativer Stress. Durch Antunes et al. (2011) wurde ein gravierender Einfluss auf die durch die Darmmikrobiota gebildeten Metabolite aufgezeigt. So wurden die Konzentrationen von 87% der durch die intestinalen Bakterien gebildeten Metabolite geändert. Durch die Änderungen zeigten sich extreme Einschränkungen in wichtigen metabolischen Stoffwechselwegen, an denen die Darmbakterien Anteil haben. Beeinträchtigungen zeigten sich z.B. beim Polysaccharidabbau, der Synthese von Amino- und Fettsäuren und der Bildung von Gallensäuren und Hormonen (Antunes et al. 2011).

1.1.6.2 Alter

Mit der Entwicklung des Menschen vom Fötus über den Säugling zum Kind und anschließend weiter zum Erwachsenen bis zum älteren Menschen sind stetig Veränderungen in der Zusammensetzung der intestinalen Darmmikrobiota verbunden. Lange Zeit wurde angenommen, dass der Fötus im Mutterleib noch nicht mit Mikroorganismen in Kontakt kommt und das Neugeborene mit einem sterilen Verdauungstrakt zur Welt kommt. Neuere Erkenntnisse postulieren jedoch schon eine erste Besiedelung des Fötus mit Bakterien im Mutterleib (Jiménez et al. 2008, Satokari et al. 2009). Mit der Geburt wird das Kind dann mit weiteren aerotoleranten Bakterien besiedelt. Dabei handelt es sich vor allem um Enterobacteriaceae oder Streptococcaceae. Abhängig vom Geburtsweg zeigen sich dabei erste Unterschiede in der Zusammensetzung. Während bei Kaiserschnitten die Darmmikrobiota des Säuglings in Grundzügen der Mikrobiota der Haut entspricht, lassen sich ansonsten eher Bakterien aus dem vaginalen Bereich finden. Wenige Tage nach der Geburt kommt es zu einem Wechsel der Bakterien im Darm. Bei gestillten Kindern zeigt sich eine homogene Zusammensetzung der Mikrobiota wobei Bifidobakterien, vor allem *Bifidobacterium longum* einen großen Anteil der intestinalen Bakterien stellt (Holzapfel et al. 1998, Kurokawa et al. 2007). Im Gegensatz dazu ist die Vielfalt der Mikrobiota bei Säuglingen, die Flaschennahrung bekommen um einiges größer und die Bifidobakterien stellen nicht mehr die dominante Gruppe. Vielmehr finden sich nun auch Bacteroides, Clostridien und Streptococcen (Holzapfel 1998). Auch innerhalb der Gruppe der Bifidobakterien lässt sich nun eher *Bifidumbacterium breve* nachweisen (Ottman et al. 2012). Mit auf dem Markt erhältlichen Milchnahrungen, die prebiotische Substanzen wie Galacto- und Fructo-Oligosaccharide enthaltenden kann die Zahl und Spezies der Bifidobakterien erhöht werden und der Unterschied zu gestillten Kindern minimiert sich (Klaassens et al. 2009, Ottman et al. 2012).

Sobald das heranwachsende Kind Breikost erhält, passt sich die Darmmikrobiota immer mehr an die Ernährung an. Erstaunlicherweise wurden aber auch schon Bakterien, die z.B. wesentlich am Abbau komplexerer Kohlenhydrate aus Pflanzenbestandteilen beteiligt sind, schon vor der Umstellung auf diese Nahrung nachgewiesen (Koenig et al. 2011). Während die Zusammensetzung der Mikrobiota in der Umstellungsphase noch vielen Schwankungen unterliegt, stabilisiert sie sich mit der Entwicklung des Kindes und entspricht spätestens im zweiten Lebensjahr in Grundzügen denen eines Erwachsenen (Hattori und Taylor 2009). Der erwachsene Mensch hat eine sehr komplexe intestinale Mikrobiota (siehe Punkt 1.1.4.4), die bei gleichbleibenden Lebens- und Ernährungsbedingungen innerhalb des Individuums aber sehr stabil sein kann (Turnbaugh et al. 2008). Im Alter treten dagegen häufiger Schwankungen in der Zusammensetzung der Mikrobiota auf (Ottman et al. 2012). Dabei stellen die Bacteroides zusammen mit den Firmicutes immer noch die dominanten Gruppen dar. Es zeigen sich aber in den Untergruppen einige wesentliche Änderungen. So nehmen die Bifidobakterien und Butyrat bildende Clostridien signifikant ab. Dafür steigt die Anzahl fakultativer Anaerobier und

Einleitung

möglicher pathogener Keime (Biagi et al. 2010). Dies erhöht die Gefahr für Infektionen und chronische Entzündungen des Dickdarms.

1.1.6.3 Krankheiten

Verschiedene Arbeitsgruppen zogen bei den Untersuchungen zur Zusammensetzung der Darmmikrobiota auch den Vergleich zwischen gesunden und kranken Probanden. Dementsprechend sind heute einige Zusammenhänge zwischen der Zusammensetzung der Darmmikrobiota, deren metabolischer Funktion und bestimmten Krankheiten bekannt. So wurde bei Übergewicht und Fettleibigkeit eine weniger diverse Mikrobiota als in normalgewichtigen Menschen festgestellt. Weiterhin zeigte sich eine Änderung in den phylogenetischen Gruppen von hauptsächlich Bacteroides in Normalgewichtigen zu erhöhtem Auftreten von Actinobacteria (Turnbaugh et al. 2008, Musso et al. 2010). Da Übergewicht und Diabetes-Erkrankungen meist in engem Zusammenhang stehen, wurden auch in Diabetes-Erkrankten Änderungen in den phylogenetischen Gruppen der Darmmikrobiota identifiziert (Brown et al. 2011). Während Firmicutes in geringerer Zahl nachzuweisen waren, zeigte sich eine erhöhte Zahl von Bacteroides (Larsen et al. 2010). Ähnlich gravierende Änderungen in der Zusammensetzung der Darmmikrobiota wurden bei entzündlichen Darmerkrankungen wie Morbus Crohn und ulzerativer Kolitis nachgewiesen (Frank et al. 2007).

Umstritten und noch nicht vollständig aufgeklärt ist bisher die Frage, ob die Änderungen in der Zusammensetzung der intestinalen Mikrobiota Auslöser der entsprechenden Krankheiten sind oder erst aus deren Konsequenz resultieren (Mai und Draganov 2009, Bäckhed 2009).

1.1.6.4 Nahrung

Länderübergreifende Studien wiesen Unterschiede in der Zusammensetzung der Mikrobiota im Darm je nach geografischen Herkunftsgebieten auf. Bei der Untersuchung der intestinalen Mikrobiota von europäischen Kindern zeigte sich zum Beispiel ein hoher Anteil (51%) von Firmicutes, während diese phylogenetische Gruppe bei afrikanischen Kindern nur untergeordnet nachzuweisen war (Filippo et al. 2010). Hier wiesen die Forscher dagegen hauptsächlich Bacteroides nach und fanden weiterhin einige spezifische Stämme, die in europäischen Proben nicht nachzuweisen waren (Filippo et al. 2010). Innerhalb von 4 europäischen Staaten konnten nur Unterschiede in der Gruppe der Bifidobakterien ermittelt werden. Dabei waren die Konzentrationen der Bifidobakterien in Italien doppelt bis dreifach so hoch wie in den anderen Staaten (Mueller et al. 2006). Die Variationen der intestinalen Mikrobiota sind jedoch nicht einfach von weiteren Faktoren wie dem Lebensstil und den jeweiligen regionalen Ernährungsgewohnheiten zu trennen. Vor allem die Ernährung zählt zu den wesentlichen Faktoren, die eine Auswirkung auf die Mikrobiota im Darm haben. Die von uns aufgenommene Nahrung besteht aus einer Vielzahl unterschiedlichster Substanzen. Neben den Kohlenhydraten, Fetten und Proteinen bzw. Aminosäuren spielen Ballaststoffe, Mineralstoffe und Vitamine eine große Rolle für den humanen Stoffwechsel. Für die Verwertung der Inhaltsstoffe sind dabei nicht

Einleitung

nur die menschlichen Enzyme, sondern ebenfalls die im Darm angesiedelten Mikroorganismen essentiell. Je nach Verhältnis und Zusammensetzung der Nahrungsmittel können verschiedene Substrate bis in den Dickdarm gelangen. Dort dienen diese den Bakterien als Fermentationsgrundlage. Dementsprechend kann eine wesentliche Änderung der Ernährungsgewohnheiten mit einer Veränderung der Mikrobiota verbunden sein. Daher lassen sich auch die regionalen Unterschiede meist auf die unterschiedlichen Nahrungsmittel und die Essgewohnheiten in den Gebieten zurückführen. Vor allem die Enterotypengruppe der Bacteroides werden eher in Verbindung mit einer proteinreichen Ernährung und hohen Anteilen von tierischen Fetten gebracht, während der Enterotyp Prevotella eher mit einer kohlenhydratreichen Ernährung verbunden ist (Wu et al. 2011). Ähnliche Erkenntnisse der Beeinflussung der Nahrung konnten durch Genomanalysen der Darmmikrobiota bestätigt werden. In US-amerikanischen Proben zeigte sich aufgrund der dort gängigen proteinreichen Nahrung eine erhöhte Anzahl von Genen, die mit einer Vielzahl von Stoffwechselwegen für einen Aminosäureabbau einhergehen (Yatsunenko et al. 2012). Die Analyse von Proben aus Ländern mit einer eher pflanzlichen und getreidehaltigen Nahrung wies dagegen einen höheren Bezug zu Stoffwechselwegen für Stärkeabbau und dem Abbau pflanzlicher Kohlenhydrate auf (Yatsunenko et al. 2012). In der Darmmikrobiota der japanischen Bevölkerung wurde ein Enzym identifiziert, das einem ursprünglich marinem Bakterium zugeordnet wird und verantwortlich für die Verdauung von Meeresalgen, einer traditionellen Zutat der japanischen Ernährung, ist (Hehemann et al. 2010).

Durch die Erkenntnisse, dass die Ernährung die Zusammensetzung der Darmmikrobiota wesentlich mitbestimmt, entwickelten verschiedene Forscher-gruppen in den letzten Jahren vermehrt Strategien, um durch Lebensmittel oder Ernährungsweisen die Verhältnisse der phylogenetischen Gruppen im Darm gezielt zu beeinflussen (Bosscher et al. 2009). An gnotobiotischen Ratten konnte bei einem Wechsel von einer fettarmen und mit hohem Anteil an pflanzlichen Kohlenhydraten versehenen Nahrung auf eine fettreiche und mit leicht verdaulichen Kohlenhydraten versetzte Diät Änderungen innerhalb von 24 Stunden aufgezeigt werden (Turnbaugh et al. 2008). Der gleiche Wechsel in den Nahrungsarten ergab auch beim Menschen eine Varianz in der Mikrobiota innerhalb von 24 Stunden (Wu et al. 2011). Walker und Mitarbeiter (2010) wiesen an verschiedenen Probanden die Auswirkungen bei Änderungen der Zusammensetzung der Kohlenhydrate in der Nahrung auf die Darmbakterien nach. Dabei zeigten sich, in Abhängigkeit der ursprünglichen Zusammensetzung der intestinalen Bakterien, bei einer mit für den Menschen schwer verdaulichen Kohlenhydratzusammensetzung (resistente Stärke) signifikante Erhöhungen in den Gruppen der Ruminococci, der Oscillibacter und der Eubakterien.

Eine selektive Modifikation hin zu einer gesünderen Zusammensetzung der Darmmikrobiota durch Zufuhr von schwer verdaulichen Lebensmittelinhaltsstoffen wie resistenter Stärke, Inulin oder Oligofructosen entspricht dem Konzept der Prebiotika (Gibson et al. 2004, Tuohy et al. 2005). Dabei sollen die prebiotischen Substanzen selektiv

Einleitung

durch einzelne Stämme, meist Lactobacillen und Bifidobakterien, im Dickdarm fermentiert werden (Gibson und Fuller 2000, Kolida et al. 2007). Als Konsequenz ergibt sich ein gesundheitlicher Vorteil, zum einen durch Inhibierung des Wachstums von pathogenen Organismen und zweitens durch gebildete Metabolite. Diese kann jedoch auch indirekt durch die weitere Metabolisierung durch andere Stämme hervorgerufen werden. Die von den Bifidobakterien und Lactobacillen gebildete Milchsäure kann durch andere Stämme, z.B. *Megasphaera elsdenii*, weiter zu gesundheitsförderndem Butyrat verstoffwechselt werden (Gibson 1999, Belenguer et al. 2006). Übersichten über Prebiotika, deren Einfluss auf die Mikrobiota und weitere gesundheitliche Wirkungen sind in einigen Reviews zusammengefasst (Wang 2009, Roberfroid et al. 2010, Patel und Goyal 2012).

Probiotika, also lebende nicht pathogene Stämme, die nach Aufnahme einen gesundheitsfördernden Effekt haben, werden von vielen Verbrauchern konsumiert und können ebenfalls zu einer ausgewogenen Darmmikrobiota beitragen. Dabei muss jedoch beachtet werden, dass diese in einer ausreichenden Zellkonzentration (nach BVL 2008: Tagesdosis im Bereich von 10^8-10^9 KBE) aufgenommen werden, damit eine entsprechend hohe Anzahl nach der Passage durch den Magen und den damit verbundenen niedrigen pH-Werten in die Darmbereiche gelangt. Neben den herkömmlichen Lactobacillen und Bifidobakterien wird auch der Einsatz sporenbildender Bakterien wie Bacillus oder bestimmten Clostridien bzw. deren Sporen als Probiotikum in der Literatur diskutiert (Bader et al. 2012). Zahlreiche Reviews stellen verschiedene Eigenschaften an ideale Probiotika dar und geben eine Übersicht über viele Faktoren, die zu den gesundheitlichen Effekten führen (Parvez et al. 2006, Gaggia et al. 2011, Arora et al. 2013).

Auch wenn in vielen Studien eine Veränderung in den Konzentrationen bestimmter Spezies oder auch Bakteriengruppen durch die Ernährung nachgewiesen wurden, konnte durch Wu und Mitarbeiter (2011) aufgezeigt werden, dass sich die Einteilung in die Gruppen der Enterotypen durch die Nahrung nicht änderte und kein Wechsel der beiden Hauptgruppen der Bacteroides oder Prevotella nachzuweisen war. Aufgezeigte Änderungen einzelner Spezies durch die Nahrung zeigten sich auch nur kurzfristig. Die Arbeitsgruppe postulierte daher, dass stabile und dauerhafte Änderungen der Darmbakterien und vor allem der Enterotypen nur durch längerfristige Ernährungsweisen erreicht werden (Wu et al. 2011).

1.1.6.5 Pflanzeninhaltsstoffe

Mit der Aufnahme von Obst und Gemüse in einer ausgewogenen Ernährung werden auch zahlreiche Pflanzeninhaltsstoffe aufgenommen. Dazu zählen unter anderem Ballaststoffe, also Pflanzenbestandteile wie Zellwandbestandteile (Cellulose und Lignin), die der Verdauung im Magen und Dünndarm entgehen und erst durch die im Dickdarm vorherrschende Mikrobiota zumindest teilweise verstoffwechselt werden. Es sind eine Reihe von physiologischen Beeinflussungen durch die Ballaststoffe bekannt. So senken sie z.B. das Risiko für eine Vielzahl von Herz-Kreislauf-Erkrankungen und Darmentzündungen (Anderson et al. 2009). Sie haben aber auch einen prebiotischen

Einleitung

Effekt und führen durch die Änderung in der Zusammensetzung der Mikrobiota sowie deren Aktivität und Bildung der kurzkettigen Fettsäuren (SCFA) zu weiteren gesundheitsfördernden Effekten (Puupponen-Pimia et al. 2004). Eine weitere bedeutende Gruppe natürlicher Substanzen, die mit dem Verzehr von Obst und Gemüse aufgenommen werden, bilden die Polyphenole. Auf diese soll in den folgenden Kapiteln näher eingegangen werden.

1.2 Polyphenole

Die phenolischen Verbindungen zählen zu den sekundären Pflanzeninhaltsstoffen und sind so vor allem in Blättern und Blüten sowie in Haut und Schale von Obst und Gemüse zu finden. Sie lassen sich, wie in Abbildung 1 aufgezeigt, nach ihrer Struktur in die beiden Hauptklassen der Flavonoide und Phenolcarbonsäuren einteilen. Die Flavonoide besitzen ein charakteristisches Grundgerüst mit 2 aromatischen Ringen (A und B) sowie einem heterozyklischen Ring (C) (Abbildung 3). Eine umfassende Darstellung zu dieser Thematik bieten die Übersichtsartikel von Crozier et al. (2009), Tsao (2010), Quideau et al. (2011) und Haminiuk et al. (2012).

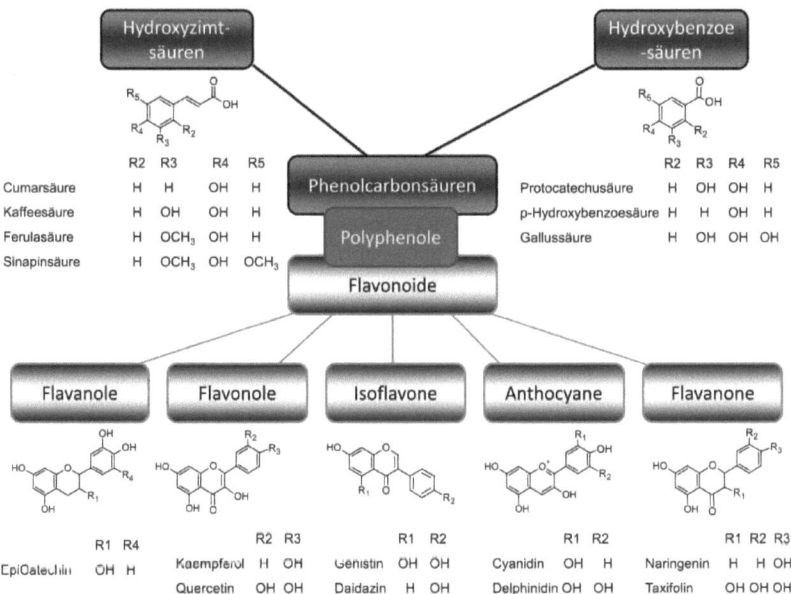

Abbildung 1: Einteilung wichtiger Polyphenole nach ihrer Struktur
(adaptiert nach Haminiuk et al. (2012))

Quellen für Polyphenole sind vor allem Getreide, Gemüse, Früchte und Nüsse. Aber auch der Genuss aus Pflanzen gewonnener Getränke wie Fruchtsäfte, Wein, Tee und Kaffee kann zu einer hohen Aufnahme an natürlichen Substanzen mit antioxidativer Wirkung

Einleitung

führen (Crozier et al. 2009, Haminiuk et al. 2012). Einige Studien postulieren eine tägliche Aufnahme an Polyphenolen von 1 g (Williamson und Holst 2008). Die Arbeitsgruppe um Ovaskainen et al. (2008) zeigte dabei in der finnischen Bevölkerung einen Hauptteil an Phenolcarbonsäuren auf, die 74% der gesamten zugeführten Polyphenolmenge ausmachten. Weiterhin bestanden rund 15% der aufgenommenen Polyphenole aus zusammengelagerten phenolischen Strukturen, den Proanthocyanen oder Tanninen. Mit der Nahrung aufgenommene Polyphenole setzten sich außerdem aus 5% Anthocyanen, 3% Flavanonen und zu geringeren Anteilen aus weiteren phenolischen Substanzklassen wie Flavanolen und Flavonolen zusammen (Abbildung 2).

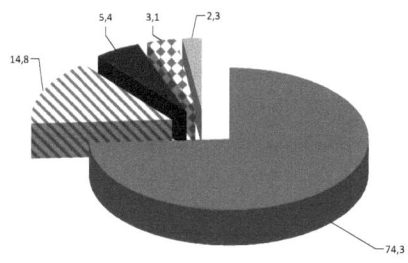

Abbildung 2: Prozentuales Verhältnis der mit der Nahrung aufgenommenen Polyphenole in Finnland (nach Ovaskainen et al. 2008) Angaben in%, Rest = z.B. Flavonole, Flavanole

1.2.1 Ernährungsphysiologische Bedeutung der Polyphenole

Spätestens seit der Beschreibung und Untersuchung des „French Paradoxons" werden Polyphenole mit einer Reihe von gesundheitsfördernden und protektiven Effekten auf den Menschen in Verbindung gebracht. Der Begriff „French Paradoxon" beschreibt dabei eine in Frankreich beobachtete niedrigere Sterblichkeitsrate durch Herz-Kreislauf-Erkrankungen, die im Gegensatz zur hohen Aufnahme an gesättigten Fettsäuren steht (Renaud 1992). Zur Erklärung dieses Effektes wird der überdurchschnittlich hohe Konsum an Rotwein herangezogen. Neben einer protektiven Wirkung eines gemäßigten Alkoholkonsums (Renaud und Lorgeril 1992) wird auch die Aufnahme von Polyphenolen aus dem Rotwein in Verbindung mit dem Schutz vor koronaren Herz-Erkrankungen gebracht (Ferrières 2004, Arranz et al. 2012). In den folgenden Kapiteln wird eine Übersicht über Effekte der Polyphenole auf die menschliche Gesundheit gegeben.

1.2.1.1 Antioxidatives Potential

Im Körper entstehen reaktive Sauerstoff Spezies (ROS), zu denen das Hyperoxid-Anion $O_2^{\bullet-}$ und das Hydroxyl-Radikal $OH^{\bullet}$ gehören. Weiterhin werden reaktive Stickstoff Spezies (RNS), wie Stickoxid-Radikale gebildet. Durch körpereigene enzymatische (z.B. Superoxid-dismutase) und nichtenzymatische (z.B. Bildung von Glutathion) Abwehrmechanismen wird ein Teil der ROS und RNS unschädlich gemacht. Weiterhin trägt ein gewisser Anteil an Radikalen sogar zur Unterstützung des Immunsystems bei.

Einleitung

Dabei spielt vor allem die Bildung bakterizider Substanzen wie dem Peroxinitrit eine wesentliche Rolle (Knight 2000). Durch ungesunde Lebensweise, Stress oder Krankheiten kann es jedoch zu einem Ungleichgewicht von Schutzmechanismen und oxidativem Stress kommen. Die ROS und RNS können dann zahlreiche Schäden an DNA-Strängen, Proteinen und Membranen verursachen und zählen somit zu den Hauptursachen für Krebs und Herz-Kreislauf-Erkrankungen. Einen Überblick über die Zusammenhänge von oxidativem Stress und ausgelösten Schäden geben folgende Reviews: Valko et al. (2006), Visconti et al. (2009) und Reuter et al. (2010). Vor allem im Fall von erhöhtem oxidativem Stress können mit der Nahrung aufgenommene Antioxidantien zu weiteren Schutzreaktionen beitragen (Rosenblat et al. 2010). Viele der beschriebenen gesundheitsfördernden Effekte und Wirkungen der Polyphenole werden daher mit ihrem antioxidativen Potential (AOP) in Verbindung gebracht (Heim et al. 2002, Halliwell et al. 2005). Polyphenole fungieren dabei als direkter Radikal-fänger, können lokale Sauerstoffkonzentrationen minimieren oder Metallionen komplexieren (Miguel 2011). Im Dickdarm nehmen die Polyphenole und deren Metabolite dabei eine Alleinstellung ein und stellen die einzigen und wirksamsten Antioxidantien in diesem Verdauungsbereich dar (Halliwell et al. 2000, Halliwell et al. 2005). Somit sind sie von großer Bedeutung bei der Vorbeugung und Bekämpfung zahlreicher durch oxidativen Stress ausgelösten Darmerkrankungen wie z.B. Dickdarmkrebs oder chronischen Entzündungen. Das AOP der Polyphenole ist dabei von der jeweiligen Messmethode und den untersuchten Radikalen aber auch von der Struktur, also von Phenolklasse und den vorhandenen Seitengruppen sowie deren Position abhängig. Die wesentlichen funktionellen Gruppen sind in Abbildung 3 dargestellt. Allgemein gelten die Hydroxylgruppen am B-Ring als wichtigste Gruppe, wogegen mögliche Methylgruppen je nach Messmethode zu einer Verringerung des AOP führen (Seeram und Nair 2002). Am C-Ring spielt vor allem die C2-C3-Doppelbindung eine wesentliche Rolle bei der Stabilisierung des Phenoxyradikals. Eine mögliche Ketogruppe an Position 4 bewirkt eine weitere Steigerung des AOP (Heim et al. 2002). Einen Einfluss der Zuckerreste am C-Ring wurde von Kähkönen und Heinonen (2003) in Abhängigkeit des Analysensystems nachgewiesen.

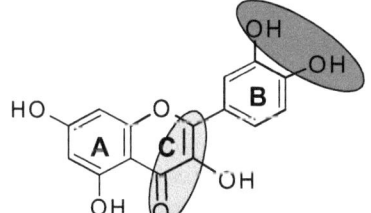

Abbildung 3: Funktionelle Gruppen der Polyphenole, die wesentlich zum antioxidativen Potential beitragen
(nach Heim et al. 2002)

Mit der Nahrung werden auch eine Vielzahl von polymeren Phenolstrukturen aufgenommen, die eine höhere Aktivität gegen ROS und RNS aufweisen können als die entsprechenden monomeren Verbindungen (Rösch et al. 2004, Tsao et al. 2005). Während die meisten Studien zur Ermittlung des antioxidativen Potentials von Polyphenolen *in vitro* durchgeführt wurden, konnte in einigen Studien auch eine

Einleitung

Wirksamkeit im Menschen belegt werden. So konnte von Serafini und Mitarbeitern (1998) nach der Aufnahme von alkoholfreiem Rotwein eine Erhöhung des antioxidativen Potentials im Blutplasma des Menschen nachgewiesen werden. Gleiches konnte durch andere Arbeitsgruppen auch für ein Getränk mit Johannisbeersaft und Anthocyankonzentraten aus Johannisbeere bestätigt werden (Matsumoto et al. 2001, Rosenblat et al. 2010).

1.2.1.2 Einfluss der Polyphenole auf die Darmmikrobiota

Die zum einen als prebiotisch angesehenen Eigenschaften und zum anderen nachgewiesenen antimikrobiellen Wirkungen der Polyphenole können zu bedeutenden Änderungen in Zusammensetzung und Stoffwechselaktivität der Darmmikrobiota führen. So wiesen Clavel und Mitarbeiter (2005) bei postmenopausalen Frauen nach der Aufnahme von Isoflavon eine signifikante Änderung in den Verhältnissen wichtiger Bakterienklassen nach. Dabei zeigte sich mit einem Abbau der Isoflavone eine Zunahme der Butyrat bildenden *Clostridium cocoides - Eubacterium rectale* Gruppe sowie eine Erhöhung an Lactobacillen und Bifidobakterien (Clavel et al. 2005). Gleiches wurde beim Einsatz von Anthocyanen in einem *in vitro* Modell nachgewiesen (Hidalgo et al. 2012). Dabei zeigte sich sogar eine höhere Steigerung der Lactobacillen als mit einem kommerziellen Prebiotikum „Raftilose", einem Fruktooligosaccharid. Gleichzeitig wurde die Vermehrung von pathogenen Clostridium-Stämmen gehemmt (Hidalgo et al. 2012). Die antimikrobielle, antivirale und antifungale Wirkung von Polyphenolen wurde vielfach bestätigt (Cushnie und Lamb 2005, Bialonska 2009, Kemperman et al. 2010). Weiterhin konnte durch Naringenin eine Reduzierung von Quorum Sensing Molekülen, die regulierend auf Virulenzfaktoren einwirken, bei *Pseudomonas aeruginosa* nachgewiesen werden (Vandeputte et al. 2011). Die Änderung in der Zusammensetzung der Darmmikrobiota zieht zumeist auch eine Erhöhung der Bildung von kurzkettigen Fettsäuren (Acetat, Butyrat und Propionat) nach sich (van Duynhoven et al. 2011, Moco et al. 2012). Dies wiederum führt zu gesundheitsfördernden Effekten (siehe Punkt 1.1.5.1).

1.2.1.3 Weitere gesundheitliche Wirkungen der Polyphenole

Neben den schon aufgezeigten Wirkungen existieren viele *in vitro* und *in vivo* Studien, die zahlreiche Hinweise auf weitere und vielfältige gesundheitliche Wirkungen von Polyphenolen aufzeigen. Tabelle 1 gibt einen kurzen Überblick über die wesentlichen Einflüsse und Wirkungen der Polyphenole auf die menschliche Gesundheit.

Die Wirksamkeit der Polyphenole wurde in den meisten Studien jedoch durch *in vitro* Studien nachgewiesen. Dabei wurden oft auch unrealistische Konzentrationen eingesetzt oder physiologisch unrelevante Substanzen betrachtet (Pascual-Teresa 2010).

Ob die Polyphenole einen gesundheitlichen Einfluss ausüben können, hängt aber auch wesentlich von der Verfügbarkeit und dem Erreichen des Zielortes im Körper, z.B. dem Dickdarm ab. Je nach Struktur ist bei einigen Polyphenolen generell nur eine geringe Bioverfügbarkeit bekannt (Manach 2005b, Crozier et al. 2009) (siehe Punkt 1.2.2). Weiterhin kommt es nach der Aufnahme zu einer starken Modifizierung der ursprünglichen

Einleitung

Substanzen durch Konjugation nach Resorption, die physiologischen Bedingungen im Verdauungstrakt oder durch intensive Metabolisierung durch die vorherrschende Mikrobiota im Dickdarm (siehe Punkt 1.2.3). Daher ist davon auszugehen, dass ein Großteil der beobachteten ernährungsphysiologischen Effekte durch konjugierte Polyphenole oder durch Abbauprodukte der aufgenommenen Polyphenole herbeigeführt wird (Forester und Waterhouse 2009, Monagas et al. 2010, Williamson und Clifford 2010, Stockley et al. 2012).

Tabelle 1: Übersicht über postulierte Wirkungen von Polyphenolen auf die menschliche Gesundheit

	Untersuchte Wirkung	Beispielhafte Literatur	Nachweis in Humanstudien (nach Boing et al. 2012)
Herz-Kreislauf-Erkrankungen	antioxidativ	Pascual-Teresa et al. 2010	gesichert
	Verhinderung Aggregation Blutplättchen	Vita 2005	
	Blutdruckregulierung	Manach et al. 2005a	
Krebs	antioxidativ	Pool-Zobel et al. 2000	wahrscheinlich
	Genregulation	He et al. 2008	
	Inhibition Proliferation	Mertens-Talcott et al. 2003	
	Induzierung Apoptose von Krebszellen	Mertens-Talcott et al. 2003	
Neurodegenerative Störungen	antioxidativ	Basli et al. 2012	Hinweise in Einzelstudien
	Regulierung Genexpression (z.B. Gluthation)	Vauzour 2012	
Übergewicht	Inhibierung Lipase	La Garza et al. 2011	Hinweise in Einzelstudien
	Hemmung anabolischer Fettstoffwechsel	Meydani et al. 2010	
	Stimulierung katabolischer Fettstoffwechsel	Meydani et al. 2010	
Diabetes	Inhibierung α-Amylase und α-Glucosidase	Akkarachiyasit et al. 2010 Boath et al. 2012	nicht nachgewiesen
	Inhibierung Glucosetransporter	Hanhineva et al. 2010	
	Erhöhung Insulinausschüttung	Hanhineva et al. 2010	

1.2.2 Bioverfügbarkeit

Der ursprünglich in der Pharmakologie benutzte Begriff der Bioverfügbarkeit wird heute ebenso in der Ernährungsphysiologie verwendet, um das Ausmaß und die Geschwindigkeit zu bezeichnen, mit der Lebensmittelinhaltsstoffe nach Aufnahme mit der Nahrung in den Gastrointestinaltrakt und nach Resorption an ihren Wirkort gelangen

Einleitung

(Gugeler und Klotz 2000). Die Resorptionsverfügbarkeit betrachtet dagegen nur die Freisetzung der untersuchten Substrate aus der Lebensmittelmatrix während der Verdauung und somit die mögliche Menge, die theoretisch aufgenommen werden könnte (Hedren et al. 2002).

Die Bioverfügbarkeit ist dabei vor allem von den Eigenschaften (Löslichkeit, Molekülgröße, Hydrophobizität) und der Struktur (Konjugationen, Glycosilierungen) der Substanz abhängig (D'Archivio et al. 2010). Weiterhin spielen bei der Resorption Faktoren wie Alter, Geschlecht, Ernährungsbedingungen sowie Wechselwirkungen mit Lebensmittelinhaltsstoffen bzw. bestimmten Arzneimitteln eine wesentliche Rolle (D'Archivio et al. 2010, Palafox-Carlos et al. 2011). Im Allgemeinen werden vielen Polyphenolen und vor allem Anthocyanen nur eine geringe Bioverfügbarkeit zugesprochen (Manach et al. 2005b, Shivashankara und Acharya 2010). So lassen sich nur geringe Mengen an ursprünglichen Anthocyanen in Blut und Urin wiederfinden (Stalmach et al. 2012a, McGhie und Walton 2007). Dabei muss jedoch beachtet werden, dass es im Laufe der Verdauung der Polyphenole zu einer Reihe von Modifizierungen, Wechselwirkungen und damit verbundenen möglichen Änderungen in den Eigenschaften der Substanzen kommt.

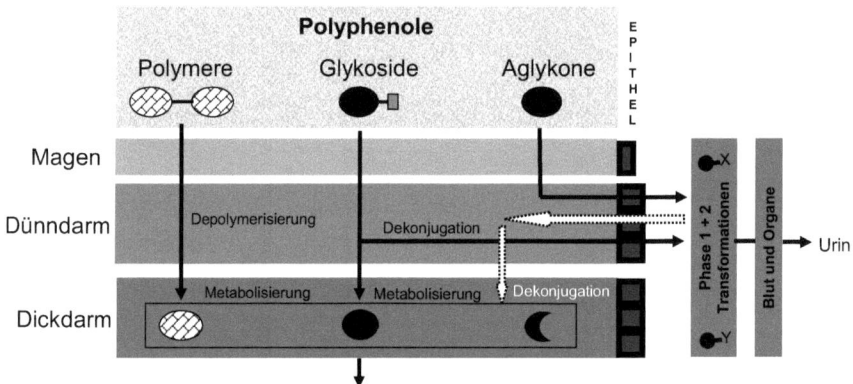

Abbildung 4: Schematische Übersicht über Resorption und Metabolisierung von Polyphenolen im Menschen
modifiziert nach van Duynhoven et al. (2011)

Mit der Nahrung aufgenommene Polyphenole gelangen zunächst in den Mund. Hier konnte für Quercetinglycoside nachgewiesen werden, dass es zu einer Hydrolyse der Zuckerreste kommen kann (Walle et al. 2005). Eine Wechselwirkung von Anthocyanen mit der im Speichel enthaltenen Amylase konnte durch Wiese et al. (2008) nachgewiesen werden. Aufgrund der kurzen Transitzeit ist jedoch nur von einem untergeordneten Einfluss auf die Polyphenole auszugehen.

Im Magen wird aufgrund der dort vorherrschenden sauren Bedingungen grundsätzlich von einer Stabilität der Polyphenole ausgegangen. So wurde dies vielfach für Flavonoidglycoside (Hollman und Katan 1999, Bermudéz-Soto et al. 2007, Kahle et al. 2011) und Hydroxyzimtsäuren (Olthof et al. 2001, Lafay et al. 2006) nachgewiesen. Anthocyane

Einleitung

können im Magen unter Beteiligung der Bilitranslocase zum Teil intakt aufgenommen werden (Passamonti et al. 2003, Talavéra et al. 2005, Mc-Ghie und Walton 2007, Passamonti et al. 2009). Der Anteil der so aufgenommenen Anthocyane liegt jedoch bei unter 2% der ursprünglich zugeführten Menge (Williamson et al. 2010). Eine Aufnahme der glycosidischen Form ist für keine andere Flavonoidgruppe bekannt. Am Beispiel des Quercetins konnte beispielhaft gezeigt werden, dass nur die Aglycone, jedoch nicht die Quercetinglycoside aufgenommen werden können (Crespy et al. 2002).

Im Dünndarm können in Abhängigkeit vom Zuckerrest Flavonoidglycoside resorbiert werden (Arts et al. 2004). Dabei wird ein aktiver Transport durch den Natrium-abhängigen Glukosetransporter SGLT1 diskutiert (Gee et al. 2000, Day et al. 2003). Dies ist mit der hydrolytischen Spaltung der Zuckerreste durch eine zytosolische ß-Glucosidase verbunden (Nehmet et al. 2003). Die Abspaltung der Zuckerreste kann jedoch auch durch eine membrangebundene Laktase-Phloridzin-Hydrolase oder durch Enzyme aus der Nahrung geschehen (Day et al. 2000, Day et al. 2003). Die entstehenden Aglycone unterliegen nach Resorption Phase 1 und 2 Reaktionen wie Methylierung, Sulfatierung und Glucoronisierungen (Prior 2006, Graf et al. 2006, Woodward et al. 2011). Für einen Teil der Anthocyane ist bekannt, dass in den Dünndarmabschnitten des Jejunum und Ileum die hauptsächliche Resorption stattfindet. So wurden je nach Zuckerrest zwischen 28% und 85% der aufgenommenen Anthocyane am Ende des Dünndarms detektiert. Dabei wurden Galaktoside und Glukoside besser aufgenommen als Arabinoside. Mögliche Methylierungen scheinen eine Resorption sogar ganz zu verhindern, so dass diese Verbindungen ohne Veränderungen in den Dickdarm gelangen (Kahle et al. 2005, Kahle et al. 2006). Weitere Untersuchungen gehen generell davon aus, das bis zu 95% der aufgenommenen Polyphenole in freier oder konjugierter Form in den Dickdarm gelangen (Kahle et al. 2006). Sie stellen somit die einzigen vorkommenden Antioxidantien in diesem Verdauungsabschnitt dar (Halliwell et al. 2000, Halliwell et al. 2005). Im Dickdarm kommt es dabei zu einer intensiven Metabolisierung der Polyphenole durch die vorherrschende Mikrobiota.

1.2.3 Mikrobielle Umsetzung der Polyphenole

Im Dickdarm kommt es durch die dort vorhandenen Mikroorganismen zu einer Vielzahl von Metabolisierungen. Dabei werden vor allem die Phase-2-Konjugate der Polyphenole wie die Glucuronide aber auch die Glycoside hydrolisiert. Weiterhin kommt es zur Reduktion von Doppelbindungen und der Aufspaltung des C-Ringes (Winter et al. 1989, Schneider und Blaut 2000, Das und Rosazza 2006, van Duynhoven et al. 2011). Eine enzymatische Abspaltung der Zucker wurde bei einer Vielzahl von Darmbakterien festgestellt. So wurden ß-Glucosidase-Aktivitäten unter anderem für Enterococcus (Scalbert und Williamson 2000), Bifidobakterien und Lactobacillen (Ávila et al. 2009) nachgewiesen. Für einige Bacteroides-Stämme wurden neben den ß-Glucosidasen auch α-Rhamnosidasen festgestellt (Bokkenheuser et al. 1987). Da im Darm geringere Konzentrationen an Rhamnosidasen als die der Glucosidasen vorliegen, werden z.B.

Einleitung

Anthocyan-Rutinoside im Darm langsamer metabolisiert (Aura et al. 2005). Die entstehenden Aglycone werden durch die physiologischen Bedingungen aber vor allem durch die Darmmikroorganismen weiter zu kleineren phenolischen Substanzen degradiert. Dabei wird die C-Ringstruktur stufenweise gespalten. Zunächst kommt es zur Reduzierung einer Doppelbindung am C-Ring (z.B. C2-C3 bei Quercetin und Naringenin) und so bei den meisten Flavonoiden zur Entstehung eines Chalkon-Intermediates. Im weiteren Verlauf wird durch die Chalkon-Isomerase das Dihydrochalcon gebildet und durch die Phloretin-Hydrolase die ursprüngliche Polyphenol-Ringstruktur weiter zerlegt. Als Endprodukte wurden dabei Phloroglucinolaldehyd aus dem A-Ring (Abbildung 3) und je nach Hydroxylierungsmuster des Ausgangspolyphenols eine entsprechende phenolische Säure aus dem B-Ring (Abbildung 3) identifiziert (Fleschhut et al. 2006, Ávila et al. 2009). Für einige Clostridien, wie *Clostridium orbiscendens,* und Eubacterien, wie *Eubacterium ramulus,* konnten diese Stoffwechselwege der Ringöffnung verschiedener Flavonoide nachvollzogen werden (Winter et al. 1989, Schneider und Blaut 2000, Braune et al. 2001, Schoefer et al. 2003, Herles et al. 2004, Schoefer et al. 2004). Als Hauptanteil der entstehenden phenolischen Säuren wurden hydroxilierte Phenylessigsäuren oder Phenylpropionsäuren nachgewiesen (Moco et al. 2012). Die gebildeten Phenolsäuren werden anschließend absorbiert oder können weiter zu kurzkettigen Fettsäuren und Kohlendioxid abgebaut werden (Moco et al. 2012, van Duynhoven et al. 2011).

In Humanstudien wurde nachgewiesen, dass die entstehenden Metabolite und deren Konzentration zwischen verschiedenen Probanden sehr variabel sind. Dabei wurde ein direkter Zusammenhang zum Metabolom der jeweiligen individuellen Mikrobiota aufgezeigt (Gross et al. 2010, van Duynhoven et al. 2011). *In vitro* Studien zeigten weiterhin große Unterschiede in der Aktivität der am Polyphenolabbau beteiligten Mikrobiota und dementsprechend der entstehenden Metaboliten durch die verschiedenen vorherrschenden physiologischen Bedingungen innerhalb des Dickdarms (van Dorsten et al. 2012).

Die entstehenden Metabolite können dabei andere ernährungsphysiologische Eigenschaften und Bioaktivitäten als die ursprünglichen Ausgangsprodukte besitzen. So erscheint eine Änderung des antioxidativen Potentials mit der Abspaltung der Zuckerreste der Polyphenole wahrscheinlich. Je nach angewandter Methode weisen die Alycone dabei jedoch einmal eine höhere antioxidative Wirkung auf (Kähkönen und Heinonen 2003), in anderen Fällen eine geringere antioxidative Wirkung (Matsumoto et al. 2002). Die bei der starken intestinalen mikrobiellen Metabolisierung von Anthocyanen entstehenden Abbauprodukte wie Gallussäure und Protocatechusäure wiesen eine effektivere antikanzerogene Wirkung in einem *in vitro* eukaryontischen Zellkulturmodell auf als das Anthocyan an sich (Forester und Waterhouse 2010). Aufgrund der intensiven Metabolisierung der Polyphenole wird daher immer mehr davon ausgegangen, dass viele der gebildeten Metabolite einen hohen Anteil an den nachgewiesenen gesundheitsfördernden Effekten der Polyphenole haben (Kay et al. 2009, Forester und Waterhouse 2009, Monagas et al. 2010, Williamson et al. 2010, Stockley et al. 2012).

Einleitung

Trotz der zunehmenden Zahl der Hinweise auf die Bedeutung der während der Verdauung der Polyphenole gebildeten Metabolite sind weitere Forschungen erforderlich, um stichhaltige und umfassendere Aussagen zu erhalten. Im Mittelpunkt der Fragestellungen stehen dabei die Identifizierung der am Abbau von Polyphenolen beteiligten Mikroorganismen und Untersuchungen zu deren Beeinflussung bzw. möglicher Förderung im Darm. Eine weitere Herausforderung besteht in der wissenschaftlichen Untersuchung bisher nicht identifizierter Abbauprodukte oder Umsetzungsreaktionen von phenolischen Substanzen, die möglicherweise bei der physiologischen Wirksamkeit berücksichtigt werden sollten.

1.3 *In vitro* Verdauungsmodelle

Die *in vivo* Untersuchungen zur Verstoffwechselung der Nahrungsmittel und der Freisetzung von Lebensmittelinhaltsstoffen in bestimmten Verdauungsabschnitten ist eine wichtige Voraussetzung zum Nachweis der Wirksamkeit. Allgemein und im Besonderen bei polyphenolreichen Inhaltsstoffen stellt sich dies in Humanstudien oder Tierversuchen aber auch mit den modernsten Methoden als sehr schwierig dar. Zum einen sind die komplexen Zusammenhänge nur schwer zu identifizieren und Effekte insbesondere auf die mikrobielle Zusammensetzung werden oft durch andere nicht kontrollierbare Einflüsse wie die ursprüngliche individuelle Mikrobiota, individuelle Lebensweise und Ernährung maskiert (van Duynhoven et al. 2011). Weiterhin stellt der Darm ein nahezu unzugängliches System dar, das nur unter hohem Aufwand Untersuchungen und Einblicke ermöglicht. Durch die verschiedensten Strategien der Probenahmen, deren Lagerung und Analyse in den *in vivo* Studien mehren sich Zweifel an der Vergleichbarkeit der Untersuchungen (Mai und Draganov 2009, Vacek et al. 2009). Als Alternative entwickelten sich in den letzten Jahren *in vitro* Modelle, die wichtige Verdauungsbedingungen darstellen und mit denen wie in Hur et al. (2011) aufgeführt eine Reihe von Lebensmitteln analysiert wurden. Die Komplexizität und unterschiedlichen kontrollierten Parameter der einzelnen entwickelten Modelle unterscheiden sich jedoch stark. Die Nachbildung der physiologischen und enzymatischen Bedingungen von Mund, Magen und Duodenum wird in den meisten Fällen durch den Einsatz von synthetischen Verdauungssäften in statischen Modellen realisiert (van de Wiele et al. 2007). Weitere Modelle simulieren anschließend oder unabhängig davon verschiedene bakterielle Bedingungen der Darmbereiche. In den einfachsten in der Literatur beschriebenen Modellen wurden 24-stündige anaerobe Batch-Fermentationen in einzelnen Reaktionsgefäßen mit einer Faecessuspension durchgeführt. Barry und Mitarbeiter untersuchten so die Verdaulichkeit verschiedener Substrate und die daraus resultierenden Stoffwechselprodukte (Barry et al. 1995). Andere Arbeitsgruppen entwickelten kontinuierliche mehrstufig aufgebaute Systeme, die mit Faeces angeimpft zur Bestimmung der sich etablierenden komplexen Mikrobiota über einen gesamten Zeitraum von 18 Tagen eingesetzt wurden (Allison et al. 1989). Durch die Variation der Bedingungen in den einzelnen Fermentations-stufen wurde das Modell zu einer Simulation von verschiedenen miteinander verbundenen

Dickdarmbereichen ausgebaut (Macfarlane et al. 1998). Ein komplexeres *in vitro* Modell wurde von Molly et al. (1993) entwickelt. Dabei handelt es sich um ein aus 5 aufeinanderfolgenden Stufen aufgebautes Fermentationsmodell (Simulated human intestinal microbial ecosystem SHIME), das weite Teile des menschlichen Verdauungstraktes simuliert. Die spezifischen Bakteriengemeinschaften in den einzelnen Dickdarmabschnitten dieser Systeme stellen sich nachweislich nach dem Inokkulum aus einer Faeceskultur reproduzierbar ein, so dass nach 3 Wochen ein steady state Status erreicht wird (van den Abbeele et al. 2010). Ein dynamisches System, in dem auch peristaltische Bewegungen des Darmes und Absorptionen der Nährstoffe berücksichtigt wurden, entwickelten Minekus et al. (1995). In diesem TIM I Modell ist es möglich die Magen und Dünndarmbedingungen darzustellen. Ein weiteres System (TIM II) wurde von derselben Arbeitsgruppe für die Simulation der Dickdarmbereiche entwickelt (Minekus et al. 1999). Durch den kombinierten Einsatz der Verdauungsmodelle mit eukaryontischen Zellkulturen wurde eine realistischere Verfolgung der Bioverfügbarkeit ermöglicht (Déat et al. 2009).

Diese Modelle können nicht alle komplexen physiologischen Parameter des menschlichen Verdauungstraktes vollständig berücksichtigen und keine Wechselwirkungen mit dem Organismus nachstellen, sie stellen jedoch preiswerte, technisch gut durchführbare und kontrollierbare Methoden dar. Je nach wissenschaftlicher Fragestellung muss dabei jedoch beachtet werden, dass durch eine zu komplexe Mikrobiota (z.B. Faeces-Kulturen) viele ablaufende Reaktionen möglicherweise auch maskiert werden und so relevante Metabolite nicht identifiziert werden können. Sind reproduzierbare und definierte Bedingungen erfüllt, bieten die *in vitro* Modelle dann eine sinnvolle und ethisch unbedenkliche Ergänzung zu humanen oder tierischen Studien.

2 Zielsetzung

Vielen Nahrungsmittelinhaltsstoffen, vor allem sekundären Pflanzeninhaltsstoffen mit antioxidativen Eigenschaften, wird eine Vielzahl gesundheitsfördernder Wirkungen zugeschrieben. Relevante Erkenntnisse zu Metabolisierung, Modifikationen und Wechselwirkungen nach der Aufnahme dieser Substanzen sind trotz zahlreicher Untersuchungen jedoch noch immer unvollständig, aufgrund der Komplexität der *in vivo* Verdauungsvorgänge nicht nachzuvollziehen oder umstritten.

Ziel dieser Arbeit ist es daher, ein *in vitro* Modell aufzubauen, das wichtige physiologische Parameter unter kontrollierten und definierten Bedingungen nachstellt. Dabei sollen enzymatische und physikochemische Verhältnisse mit anschließenden definierten mikrobiellen Verdauungsstufen verknüpft werden. In Ergänzung zu Humanversuchen und ohne Tierversuche zu benötigen, sollen so grundlegende Mechanismen bei der Metabolisierung von ausgewählten Lebensmittelinhaltsstoffen identifiziert werden.

Der Schwerpunkt der Arbeit liegt dabei auf der Untersuchung der Stabilität bzw. Umsetzung von Polyphenolen während der simulierten Verdauung. Neben Aussagen zu charakteristischen Abbaureaktionen müssen auch Polymerisierungen und Wechselwirkungen mit Proteinen berücksichtigt werden. Weiterhin ist die antioxidative Wirkung der eingesetzten Proben über alle Verdauungsstufen zu prüfen.

Die entsprechenden Methoden sind zunächst beim Einsatz von Reinsubstanzen zu etablieren. Anschließend ist es notwendig die Resorptionsverfügbarkeit und Umsetzung der Polyphenole aus Johannisbeerkomponenten in komplexeren Lebensmittelmatrices zu vergleichen.

Abschließend soll das *in vitro* Modell auf die Anwendbarkeit bei einer industriellen Fragestellung geprüft werden. Dabei wird die Stabilität verschiedener Derivate eines Nahrungsergänzungsmittels während der simulierten Verdauung verglichen.

Material und Methoden

3 Material und Methoden

3.1 Verwendete Mikroorganismen

Tabelle 2: Übersicht über verwendete Stämme und eingesetzte Vorkulturmedien

Stamm	interne Nr.	DSM-Nr.	Vorkulturmedium	Einsatz in Verdauungsstufe
Bacteroides ovatus	BD-0101	1896	PYGm	Dickdarm
Bacteroides thetaiotaomicron	BD-0201	2079	PYGm	Dickdarm
Bacteroides vulgatus	BD-0301	1447	PYGm	Dickdarm
Bifidobacterium adolescentis	BI-0101	20083	MRS	Dickdarm
Bifidobacterium angulatum	BI-0201	20098	MRS	Dickdarm
Bifidobacterium boum	BI-0301	20432	MRS	Dickdarm
Bifidobacterium breve	BI-0401	20213	MRS	Dickdarm
Bifidobacterium catenulatum	BI-0501	20103	MRS	Dickdarm
Bifidobacterium infantis	BI-0601	20088	MRS	Dickdarm
Clostridium tyrobutyricum	Cl-0401	-	DRCM	Dickdarm
Enterococcus faecalis	Ec-0401	-	St1	Ileum
Enterococcus faecalis	Ec-0404	-	St1	Ileum
Escherichia coli	Es-0111	787	St1	Ileum
Eubacterium aerofaciens	Eu-0301	3979	PYGm	Dickdarm
Eubacterium hallii	Eu-0401	3353	PYGm	Dickdarm
Eubacterium ramulus	Eu-0201	3995	PYGm	Dickdarm
Lactobacillus reuteri	La-3401	20016	MRS	Ileum
Lactobacillus brevis	La-0410	-	MRS	Ileum
Lactobacillus rhamnosus	La-0610	-	MRS	Ileum
Lactobacillus acidophilus	La-0103	-	MRS	Ileum
Lactobacillus plantarum	La-1202	20205	MRS	Ileum
Lactobacillus fermentum	La-0808	20391	MRS	Ileum
Lactobacillus spec	La-1402	-	MRS	Ileum
Megasphaera elsdenii	Me-0201	20460	PYGm	Dickdarm

3.2 Verwendete Medien

Alle Medien wurden bei 120°C für 20 Minuten autoklaviert. In der Abkühlphase wurden die Medien in die Anaerobenkammer geschleust, um den Ausschluss von Luftsauerstoff zu gewährleisten. Folgende kommerziell erhältliche Medien wurden nach Herstellerangaben hergestellt: Clostridien-Differential-Bouillon (DRCM) (Merck KgaA, Darmstadt, Deutschland), Standard Nährmedium 1 (St1) (Roth GmbH + Co. KG, Karlsruhe, Deutschland), MRS wurde von der AppliChem GmbH (Darmstadt, Deutschland) bezogen und mit 1 g/l Tween 80 sowie 5 g/l Natriumacetat versetzt. Feste Nährmedien wurden durch Zugabe von 1,5% Agar zum Medium hergestellt.

PYGm-Medium (DSMZ Medium 104):

Tabelle 3: Zusammensetzung des PYGm-Mediums

PYGm		Salzlösung:	g/l
Trypton	5,0 g/l	$CaCl_2 \times 2\,H_2O$	0,25
Pepton	5,0 g/l	$MgSO_4 \times 7\,H_2O$	0,50
Hefeextrakt	10,0 g/l	K_2HPO_4	1,00
Fleischextrakt	5,0 g/l	KH_2PO_4	1,00
Glucose	5,0 g/l	$NaHCO_3$	10,00
K_2HPO_4	2,0 g/l	NaCl	2,00
Tween 80	1,0 g/l		
Cystein-HCl x H_2O	0,5 g/l		
Destilliertes Wasser	950 ml		

Das Medium wurde, wenn nicht anders angegeben, auf pH 7,0 eingestellt und für 20 Minuten bei 120°C autoklaviert. Nach dem Autoklavieren wurden 40 ml einer Salzlösung, 10 ml einer Hämin-Lösung und 0,2 ml einer Vitamin K1-Lösung zugesetzt.

Hämin-Lösung: 50 mg Hämin wurden in 1 ml 1N NaOH gelöst und mit 100 ml destilliertem Wasser aufgefüllt. Die Lösung wurde sterilfiltriert und bei 4°C aufbewahrt.

Vitamin K1-Lösung: 0,1 ml Vitamin K1 wurden in 20 ml 95%igem Ethanol gelöst. Die Lösung wurde sterilfiltriert und bei 4°C lichtgeschützt aufbewahrt.

Reduktionsmedium

In den mikrobiellen Stufen des Verdauungsmodells kam ein Reduktionsmedium zum Einsatz.

Tabelle 4: Zusammensetzung des Reduktionsmediums

Reduktionsmedium	je l	Spurenelementlösung	g/l
$NaHCO_3$	9,2 g	$MgCl_2 \times 6H_2O$	20,0
Na_2HPO_4	7,1 g	$CaCl \times H_2O$	5,0
NaCl	0,47 g	$FeCl_3 \times 6H_2O$	0,37
KCl	0,45 g	$ZnSO_4 \times 7H_2O$	0,50
Harnstoff	0,40 g	$CoCl_2 \times 6H_2O$	0,25
$CaCl_2$	0,10 g		
Na_2SO_4	0,10 g		
$MgCl_2$	0,10 g		
Spurenelementlösung	10 ml		
Resazurin (1mg/ml)	1 ml		

Material und Methoden

3.3 Stammführung

3.3.1 Lagerung

Zur Herstellung der Gefrierkulturen wurden die Stämme in den entsprechenden Vorkulturmedien (Tabelle 2) angezogen und mit Glycerol versetzt. Die Langzeitlagerung erfolgte als 20%iger Glycerolstock bei -70°C.

3.3.2 Anaerobe Vorkulturführung

Die Kultivierung der Vorkulturen erfolgte unter Sauerstoffausschluss in der Anaeroben- kammer Whitley DG250 (Meintrup DWS Laborgeräte GmbH, Lähden, Deutschland). Wenn nicht anders angegeben, wurden für die Anzucht jeweils 250 µl der Gefrierkulturen in 50 ml des entsprechenden Vorkulturmediums gegeben. Die Inkubationsdauer variierte in Abhängigkeit des Stammes von 12 bis 48 Stunden.

3.4 *In vitro* Verdauungsmodell

Das simulierte Verdauungsmodell basiert auf 4 hintereinander geschalteten und verknüpften Bioreaktoren. Dies ermöglicht die stufenweise Nachstellung der enzymatischen Umsetzung von Nahrungsmittelinhaltsstoffen in Magen und Dünndarm (Duodenum) und die Untersuchung der mikrobiologischen Verstoffwechselung in den darauffolgenden Bereichen des Darms (Dünndarm - Ileum, aufsteigender und querverlaufender Dickdarm). Die Simulation erfolgt unter definierten und kontrollierten physiologischen Parametern (pH-Wert, Temperatur, Sauerstoffverhältnisse). In den mikrobiologischen Stufen wird eine ausgewählte definierte Mischkultur von Bakterien verwendet, die sich aus Stämmen zusammensetzt, die zahlenmäßig in hoher Anzahl oder mit spezifischer metabolischer Aktivität in den jeweiligen Darmbereichen vorkommen.

3.4.1 Bioreaktoren

Die Bedingungen der einzelnen Verdauungsstufen wurden in den Bioreaktoren BIOSTAT® Aplus (Sartorius Stedim Biotech GmbH, Göttingen, Deutschland) hergestellt. Die Steuerung erfolgte über die Software PC-Panel µDCU, die Aufzeichnung der Daten über das Programm BioPAT® MFCS/win von Satorius Stedim Biotech GmbH (Göttingen, Deutschland). Die Temperierung konnte mittels Heizmanschette und Kühlfinger durchgeführt werden (Sartorius Stedim Biotech GmbH, Göttingen, Deutschland). Die pH-Regelung erfolgte mit 20% (w/v) KOH und 20% (v/v) H_3PO_4.

Zur Kontrolle der Bedingungen von pH-Wert und Sauerstoffgehalt kamen folgende Messsonden zum Einsatz:

Gelöstsauerstoffelektrode: Oxyferm FDA 325 (Mettler-Toledo GmbH, Gießen, Deutschland)

pH-Elektrode: Easyferm plus K8 325 (Hamilton Messtechnik GmbH, Höchst, Deutschland)

3.4.2 Verdauungsstufen

Die Stufen der Verdauungssimulation sind grob in die enzymatischen Verhältnisse von Magen und Duodenum und den mikrobiellen Stufen von Ileum, aufsteigender und absteigender Dickdarm zu unterteilen. Alle Stufen wurden auf 37°C temperiert. Eine Durchmischung innerhalb des Bioreaktors wurde durch eine Rührerdrehzahl von 150 rpm gewährleistet. Vor Beginn der Versuche wurde mittels Stickstoffbegasung Sauerstoff ausgetrieben, um anaerobe Verhältnisse herzustellen. Zu den jeweiligen Probenahmen erfolgte ebenfalls eine Begasung mit Stickstoff. Die Überführung von einer Verdauungsstufe in die andere erfolgte, wenn nicht anders angegeben, über integrierte Peristaltikpumpen. Die weiteren Bedingungen der einzelnen simulierten Stufen werden in den nächsten Abschnitten dargestellt.

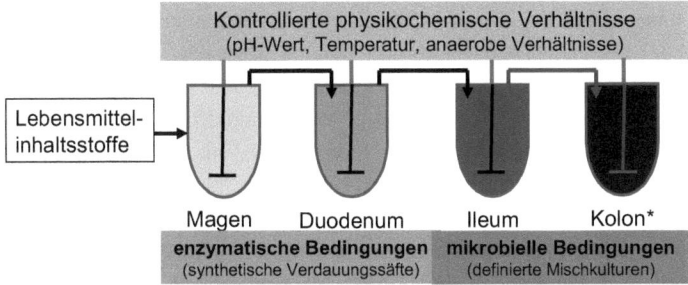

Abbildung 5: Vereinfachtes Schema des *in vitro* Verdauungsmodells
* aufsteigender und absteigender Dickdarm

Magen
Die zu untersuchenden Proben wurden zu gleichen Anteilen (v/v) mit synthetischem Magensaft versetzt und, soweit nicht anders angegeben, für 2 Stunden bei 37°C und einem pH-Wert von 2,0 unter anaeroben Verhältnissen inkubiert. Der synthetische Magensaft setzte sich wie folgt zusammen: Mucin 1,5 g/l, NaCl 3 g/l, KCl 0,9 g/l, KH_2PO_4 0,36 g/l. Pepsin wurde in einer Endkonzentration von 1,4 g/l dazugegeben. Die Kontrollansätze enthielten kein Pepsin.

Duodenum
Nach der Simulation der Magenstufe erfolgte in der nächsten Stufe die Zufuhr von synthetischem Duodenalsaft in gleichen Verhältnissen (v/v) wie das verbliebene Volumen aus der Magenstufe. Der Doudenalsaft setzte sich wie folgt zusammen: Ochsengalle 9 g/l, NaHCO3 1 g/l, CaCl2 0,5 g/l, Urea 0,15 g/l, MgCl2 0,2 g/l. In einer Endkonzentration von 0,5 g/l wurde Pankreatin und 0,02 g/l Trypsin dazugegeben. Die Kontrollansätze enthielten keine Enzyme. Die Inkubation erfolgte, wenn nicht anders angegeben, für 4 Stunden unter anaeroben Bedingungen bei 37°C und einem pH-Wert von 6,8.

Ileum

Nach der Simulierung der enzymatischen Bedingungen von Magen und Duodenum wurden die Ansätze in die nächste Stufe transferiert. Hier wurde das Volumen aus den vorherigen Ansätzen zu gleichen Anteilen (v/v) mit einer definierten Mischkultur von Darmbakterien (Tabelle 2) in Reduktionsmedium versetzt. Die anfänglichen Zellkonzentrationen in dieser Stufe betrugen für die einzelnen Stämme der Enterokokken $5*10^5$ Z/ml, für *E. Coli* $1*10^7$ Z/ml und für die einzelnen Lactobacillus-Stämme $2*10^6$ Z/ml. Die Inkubation erfolgte, wenn nicht anders angegeben, für 4 Stunden unter anaeroben Bedingungen bei 37°C mit einem pH-Wert von 6,7. Die Kontrollansätze enthielten nur das Reduktionsmedium ohne Mikroorganismen.

Aufsteigender und absteigender Dickdarm

In der anschließenden Simulierung der Dickdarmbereiche wurde eine weitere Mischkultur mit typischen Bakterien dieser Bereiche in Reduktionsmedium dazugegeben (Tabelle 2). Das Volumen der Mischkultur betrug 1/5 des zugeführten Volumens aus der vorherigen Verdauungsstufe. Die anfänglichen Zellkonzentrationen in dieser Stufe betrugen für die einzelnen Stämme der Bacteroides $3*10^8$ Z/ml, für *M. elsdenii* $1*10^5$ Z/ml, für die einzelnen Eubacterien-Stämme $3*10^8$ Z/ml, für die einzelnen Clostridien-Stämme $1*10^5$ Z/ml. Zur Simulation des aufsteigenden Dickdarms erfolgte die Inkubation, wenn nicht anders angegeben, für 12 Stunden bei einem pH-Wert von 5,5. Zur Simulation des absteigenden Dickdarms wurde der pH-Wert auf 6,5 erhöht und, wenn nicht anders angegeben, für weitere 6 Stunden inkubiert. die Temperatur betrug jeweils 37°C. Anaerobe Bedingungen wurden eingehalten. Die Kontrollansätze enthielten nur das Reduktionsmedium ohne Mikroorganismen.

3.5 Verwendete polyphenolreiche Produkte

Neben Reinsubstanzen von Polyphenolen wurden auch verschiedene polyphenolreiche Produkte, die verschiedene Komponenten der Schwarzen Johannisbeere enthielten, im Verdauungsmodell eingesetzt. Alle Fruchtkomponenten wurden von der Liven GmbH c/o Lienig Wildfrucht Verarbeitung (Zossen, Deutschland) bezogen.

<u>Schwarzer Johannisbeersaft:</u> Filtrierter schwarzer Johannisbeersaft wurde 1:10 verdünnt im Verdauungsmodell eingesetzt.

<u>Heißextrakt aus Trester der Schwarzen Johannisbeere:</u> Es wurde ein Heißextrakt aus 10% (w/v) Trester in bidest. Wasser hergestellt. Dieser wurde für 20 Minuten bei 100°C gekocht und anschließend abzentrifugiert.

<u>Vergorene Bierwürze versetzt mit Saft der Schwarzen Johannisbeere:</u> Ein am Institut für Mikrobiologie der Versuchs- und Lehranstalt für Brauerei (Berlin, Deutschland) hergestelltes Gärgetränk basiert auf den Arbeiten von Bader (2008). Grundlage ist eine Mischfermentation von Bierwürze mittels Essigsäure- und Milchsäurebakterien

Material und Methoden

sowie Hefen. Dieses Getränk wurde zur weiteren Aufwertung vor der Mischfermentation mit Fruchtkomponenten versetzt (Baki et al. 2011). In dem in dieser Arbeit verwendeten Getränk waren so 5% (v/v) von Schwarzem Johannisbeersaft enthalten.

3.6 Verwendete Kreatinderivate und Probenbehandlung

Die in Tabelle 5 angegebenen Kreatinderivate wurden direkt vom Hersteller bzw. von Internetverkaufshäusern bezogen.

Tabelle 5: Übersicht über die im Verdauungsmodell eingesetzten Kreatinderivate

No	Derivat	Darreichungsform	Einnahmeempfehlung
1	Kolloidales Kreatin (Ocean Pharma, Reinbek, Deutschland)	Pulver	1,5g/250ml
2	Kreatin Monohydrat - Creapure® (AlzChem AG, Trostberg, Deutschland)	Pulver	3g/250ml
3	Kreatincitrat (AlzChem AG, Trostberg, Deutschland)	Pulver	4g/250ml
4	Kreatinpyruvat (AlzChem AG, Trostberg, Deutschland)	Pulver	4,4g/250ml
5	Kreatin-alpha-ketoglutarat (Peak Performance Products, Grevenmacher, Luxemburg)	Kapsel	4 Kapseln/300ml
6	Kreatin Monohydrat - Kre-Alkalyn® PRO (All American Pharmaceutical, Billings, USA)	Kapsel	2 Kapseln/250ml
7	Kreatin Monohydrat - Kre-Alkalyn® (All American Pharmaceutical, Billings, USA)	Kapsel	1 Kapseln/250ml
8	Kreatin-Magnesium-Chelat - Creatine MagnaPower®, (Olimp Laboratories, Debica, Polen)	Kapsel	2 Kapseln/250ml
9	Kreatinethylester HCl (Ultimate Nutrition, Farmington, USA)	Kapsel	2 Kapseln/250ml
10	Kreatin HCl - Tested Creatine (Tested Nutrition, Quebec, Kanada)	Kapsel	2 Kapseln/250ml

3.6.1 Freisetzung der Derivate

Um das Auflöseverhalten der verschiedenen Kapseln zu ermitteln, wurden diese in ein vollkommen mit Magensaft gefülltes Glasgefäß eingebracht. Es erfolgte eine Inkubation bei 37°C im Hybridisierungsofen Biometra Compact Line OV4 (Biometra, Göttingen, Deutschland) bei leichter Rotation der Vials. Die Zersetzung der Kapselhülle wurde optisch verfolgt.

3.6.2 Einsatz der Derivate im *in vitro* Verdauungsmodell

Die verschiedenen Kreatinderivate wurden je nach ihrer Darreichungsform (Tabelle 5) entweder direkt benutzt oder zunächst der Inhalt aus der Kapselhülle entfernt. Von allen zu untersuchenden Proben wurde anschließend eine homogene Suspension in lauwarmem Leitungswasser hergestellt. Die eingewogene Menge orientierte sich dabei an den Herstellerangaben (Tabelle 5). Die Verdauungssimulation wurde bis zur Stufe des Ileum durchgeführt.

3.7 Analytik

3.7.1 Zellzahlbestimmung

Die Zellzahl wurde mit Hilfe des Multisizer™ 3 Coulter Counter® (Beckman Coulter GmbH, Krefeld, Deutschland) bestimmt. Dafür wurden jeweils 10 µl der zu untersuchenden Probe in 10 ml isotonische Kochsalzlösung Isoton II (Beckman Coulter GmbH, Krefeld, Deutschland) gegeben und durchmischt. Die Ermittlung der Zellzahl erfolgte automatisch durch Detektion von Spannungsänderungen durch den Partikeldurchtritt am Kapillareingang einer 20 µm Kapillare.

3.7.2 Organische Säuren und Zucker

Die Bestimmung der Konzentrationen von organischen Säuren und Zuckern erfolgte mittels HPLC-Analyse.
Die Anlage wurde mit folgenden Komponenten und Parametern betrieben:

Degaser:	Degasys DG-1310 (Uniflows LTD, Tokyo, Japan)
Autosampler:	Smartline Autosampler 3800 (Knauer, Berlin, Deutschland)
Säulenofen:	STH 585 (Dionex, Idstein, Deutschland)
Pumpe:	HPLC Pump 64 (ERC GmbH, Riemerling, Deutschland)
Trennsäule:	Nucleogel® Ion 300 OA (Macherey-Nagel GmbH & Co. KG, Düren, Deutschland)
Probenschleife:	20 µl
Pumprate:	0,4 ml/min
Laufmittel:	sterile 5 mM H2SO4
Software:	Chromgate 3.1
Detektoren:	RI Detektor Smartline 2300 (Knauer, Berlin, Deutschland) (T = 50°C)
	UV Detektor Smartline 2500 (Knauer, Berlin, Deutschland) (Wellenlänge = 210 nm)

Mittels RI-Detektion wurden die organischen Säuren, mittels UV-Detektion die Zucker und Ethanol analysiert.
Die Proben wurden sterilfiltriert (0,2 µm) und bis zur Analyse bei -20°C gelagert.

3.7.3 Kreatin und Kreatinin

Die Proben der Kreatinderivate aus dem Verdauungsmodell wurden mit 20% KOH auf einen pH-Wert von 7,0 eingestellt und anschließend sofort in flüssigem Stickstoff eingefroren, um mögliche Reaktionen zu stoppen. Die Lagerung bis zur Analyse erfolgte bei -70°C. Die Ermittlung der Konzentrationen an Kreatin und Kreatinin wurde durch die AlzChem AG (Trostberg, Deutschland) vorgenommen. Die Analyse erfolgte mittels Ionenaustauschchromatographie auf einer Thermo Scientific 7 µm Hypercarb Column (4.6 x 100 mm) mit einem Fluss von 1 ml/min. Für die Analyse von Kreatin wurde als mobile Phase entgastes deionisiertes Wasser benutzt und ein UV/VIS Detektor bei 200 nm eingesetzt. Kreatinin wurde bei UV/VIS 235 nm detektiert, wobei als Laufmittel 2,2% Isopropanol in 0.1 mM NaOH verwendet wurde.

Material und Methoden

Zur besseren Vergleichbarkeit der verschiedenen Derivate wurde das Verhältnis aus gemessener Kreatininmenge zu Kreatinmenge gebildet.

3.7.4 Bestimmung der Anthocyane mittels HPLC

Die qualitative und quantitative Bestimmung der Anthocyane und deren möglicher Abbauprodukte erfolgte am Forschungsinstitut für Spezialanalytik der Versuchs- und Lehranstalt für Brauerei in Berlin durch D. Schütt. Die Trennung erfolgte dabei auf einer Phenomenex RP-18 Luna (2) Säule (Phenomenex Inc., Aschaffenburg, Deutschland). Die mobile Phase bestand aus (A) Wasser mit 85% o-Phosphorsäure (99.5 : 0.5 v/v) und (B) Methanol und Wasser mit 85% o-Phosphorsäure (50:49.5:0.5 v/v). Zur Analyse wurde ein Gradientenprogramm mit folgendem zeitlichen Ablauf bei einem Fluss von 1 ml/min eingesetzt (Tabelle 6):

Tabelle 6: Gradient zur HPLC-Bestimmung der Anthocyane

t [min]	Mobile Phase A [%] (0.5% o-Phosphorsäure 85%, 99.5% H₂O bidest.)	Mobile Phase B [%] (50% Methanol, 49,5% H₂O bidest, 0.5% o-Phosphorsäure 85%)
0	80	20
5	80	20
45	0	100
55	0	100
57	80	20
68	80	20

Die Detektion erfolgte mittels UV-VIS Fotodiodenarry-Detektor SPD-M20A (Shimadzu GmbH, Kyoto, Japan) bei 280, 320, 370 und 520 nm.

Alle Proben aus dem Verdauungsmodell wurden mit 85% o-Phosphorsäure auf einen pH-Wert von 2,0 eingestellt und anschließend 10 Minuten bei 13000 rpm abzentrifugiert. Der Überstand wurde direkt vermessen bzw. bis zur Analyse bei -20°C gelagert. Die entstehenden Pellets wurden separat auf ein Herauslösen möglicher Anthocyane aus einem Protein-Polyphenol-Komplex behandelt (Schütt et al. 2013).

3.7.5 Ermittlung monomerer und polymerer Anthocyane

Die Methode nach Giusti und Wrolstad (2001) beruht auf der Entfärbung der monomeren Anthocyane durch die hauptsächliche Anlagerung von Sulfit an die Stelle C4 des Flavyliumkations. Bei polymeren Strukturen ist diese Stelle meist nicht zugänglich, wodurch eine Entfärbung durch Zugabe von Bisulfit nicht möglich ist. Die Methode musste aufgrund beobachteter Niederschläge angepasst werden. Je nach Farbintensität wurden die Proben mit bidest. Wasser verdünnt. Für die Ermittlung der gesamten Anthocyane wurden 450 µl Probe mit 550 µl HCL (7 mol/l) und 300 µl bidest. Wasser versetzt. Da sich ein Niederschlag zeigte, wurden die Proben für 5 Minuten bei 13000 rpm abzentrifugiert und der Überstand bei Raumtemperatur für 20 Minuten unter Lichtausschluss inkubiert. Anschließend erfolgte die Messung der Extinktion bei 520nm (A_{ges}). Ein weiterer Ansatz diente der Bestimmung der polymeren Anthocyane. Dazu wurden 450 µl Probe mit 550 µl HCL (7 mol/l) sowie 300 µl Kaliumdisulfitlösung (0,5 mol/l) versetzt und anschließend für 5 Minuten bei 13000 rpm abzentrifugiert, um Trübstoffe zu entfernen. Nach der Inkubation bei Raumtemperatur für 20 Minuten unter Lichtausschluss wurde die Extinktion bei 520nm gemessen (A_{poly}). Die Extinktion der monomeren Anthocyane (A_{mono}) ergab sich aus der Differenz der Extinktionen von gesamten Anthocyanen und polymeren Anthocyanen (Formel 1).

Formel 1
$$A_{mono} = A_{ges} - A_{poly}$$

A_{mono} ≙ Extinktion der monomeren Anthocyane
A_{ges} ≙ Extinktion der gesamten Anthocyane
A_{poly} ≙ Extinktion der polymeren Anthocyane

3.7.6 Bestimmung weiterer phenolischer Verbindungen

Die Analyse der weiteren phenolischen Verbindungen und deren Abbauprodukten wurde am Institut für Lebensmitteltechnologie und Lebensmittelchemie der TU Berlin durch N. Beesk durchgeführt.

HPLC-Analyse

Zur Trennung der phenolischen Substanzen wurde die Säule Phenomenex Prodigy ODS3 (Phenomenex Inc., Aschaffenburg, Deutschland) eingesetzt. Das in Tabelle 7 aufgeführte Gradientenprogramm wurde bei einem Fluss von 0,5 ml/min angewandt.

Tabelle 7: HPLC-Gradientenprogramm zur Analyse der phenolischen Substanzen

t [min]	Mobile Phase A [%] (0.5% Essigsäure; 99.5% H₂O bidest.)	Mobile Phase B [%] (Acetonitril 100%)
0	95	5
5	95	5
9	91	9
10	93	7
15	91	9
30	87	13
45	73	27
50	67	33
55	67	33
65	50	50
66	95	5
70	95	5

Die Detektion erfolgte mittels 2 UV/VIS Detektoren Shimadzu SPD-10AVp (Shimadzu GmbH, Kyoto, Japan) bei den Wellenlängen von 280, 370, 414 und 600 nm.

Material und Methoden

LC-MS-Analyse

Massenspektrometrische Bestimmungen wurden mit der LC-MS-Anlage TSQ Vantage System mit Ion Max Source (H-ESI II probe) der Firma Thermo Fisher Scientific (Waltham, MA USA) durchgeführt. Die Säule Phenomenex Prodigy ODS3 (Phenomenex Inc., Aschaffenburg, Deutschland) wurde verwendet. Der Massenscanbereich 50-1000 m/z wurde betrachtet. Ein Gradientensystem wie in Tabelle 8 wurde mit einem Fluss von 0,5 ml/min gefahren.

Tabelle 8: Gradientenprogramm zur LC-MS-Analyse

t [min]	Laufmittel A (99.5% H_2O bidest., 0.5% Essigsäure)	Laufmittel B Acetonitril 100%
0	95	5
5	95	5
9	91	9
10	93	7
15	91	9
30	87	13
45	73	27
50	67	33
55	67	33
65	50	50
66	95	5
70	95	5

3.7.7 Gesamtphenolbestimmung nach Folin-Ciocalteu

Die Gesamtkonzentrationen an löslichen phenolischen Verbindungen wurden mit dem Folin-Ciocalteu-Reagenz bestimmt (Jennings 1981). Dazu wurden jeweils 1 ml Probe mit 7,5 ml bidest. Wasser und 0,5 ml Folin-Ciocalteu-Reagenz versetzt. Nach Mischen erfolgte eine 10minütige Inkubation bei Raumtemperatur. Danach erfolgte die Zugabe von 1 ml gesättigter Natriumcarbonatlösung und eine weitere Inkubation bei Raumtemperatur von 60 Minuten. Anschließend wurde die Absorption bei 720 nm gemessen. Die Werte wurden in Bezug zu einer angefertigten Standardkurve von Gallussäure gesetzt und dementsprechend in µg/ml Gallussäureäquivalente (GAE) angegeben.

3.7.8 Gesamtstickstoffbestimmung

Die Bestimmung des Gesamtstickstoffgehalts wurde am Forschungsinstitut für Rohstoffe der Versuchs- und Lehranstalt für Brauerei in Berlin mit Hilfe des Vario Max CN Makro-Elementaranalysators (Elementar Analysensysteme GmbH, Hanau, Deutschland) durchgeführt. Das System beruht dabei auf der Verbrennungsmethode nach Dumas (EBC-Methode) (Mebak, 2006).

Material und Methoden

3.7.9 Antioxidatives Potential

Die antioxidative Kapazität wurde mittels Photochemolumineszenz am Photochem®(Analytik Jena AG, Jena Deutschland) bestimmt. Dabei werden freie Radikale (Superoxidanionradikal) durch die optische Anregung von Photosensitizer-Substanzen erzeugt. Die freien Radikale werden teilweise von den antioxidativen Substanzen in der Probe eliminiert. Die übrigen Radikale regen das Luminol in der Detektorzelle an, welches dadurch lumineszirt (Lewin und Popov 1994). Für die Messungen wurde das ACW Kit (Analytik Jena AG, Jena, Deutschland) zur Bestimmung der wasserlöslichen Antioxidantien verwendet und nach Herstellerangaben vorgegangen. Als Referenz wurde eine Kalibrierung mit Ascorbinsäure durchgeführt. Die Angabe des antioxidativen Potentials erfolgte dementsprechend als Ascorbinsäureäquivalente (AscEq). Die Proben wurden gegebenenfalls abzentrifugiert und filtriert, um Partikel auszuschließen. Eine eventuelle Verdünnung der Proben erfolgte mit bidest. Wasser, um mit den Messwerten innerhalb der Kalibrierung zu liegen. Die Lagerung der Proben, Luminol und Ascorbinsäure während der Vorbereitung bis zur Messung erfolgte auf Eis. Die Software PCL Soft Version 5.1.12 (Analytik Jena AG, Jena, Deutschland) diente der Messauswertung und Analyse. Die ermittelten Werte wurden in nmol ausgegeben und wurden auf µmol/ml AscEq oder µg/ml AscEq (Formel 2) umgerechnet.

Formel 2
$$Konzentration[\mu g/ml] = \frac{Menge * VF * M}{V}$$

$$Konzentration[\mu mol/ml] = \frac{Menge * VF}{V}$$

Menge	≙	gemessenem Gehalt in nmol (Ascorbinsäure)
VF	≙	Verdünnungsfaktor der Probe
M	≙	molare Masse Ascorbinsäure (176,13 ng/nmol)
V	≙	eingesetztes Probenvolumen

3.7.10 Aktivitätsbestimmung von α-Amylase

Zur Ermittlung der Aktivität der α-Amylase und deren Hemmung durch verschiedene Polyphenole bzw. polyphenolreiche Produkte wurde eine coulometrische Bestimmung nach IFCC durchgeführt (Junge et al. 2001). Dabei wird ein definiertes Oligosaccharid (z.B. 5 Ethylidene-G_7PNP) als Substrat durch die α-Amylase gespalten. Die entstehenden Fragmente werden durch α-Glucosidasen vollständig zu Glucose und p-Nitrophenol (PNP) umgesetzt. Die Farbintensität von PNP kann bei 405 nm vermessen werden und ist direkt proportional zur α-Amylase-Aktivität. Zur Durchführung wurde das Kit „PANKREAS α-Amylase EPS Fluid (5+1) IFCC" der Firma Centronic GmbH (Wartenberg, Deutschland) verwendet. Die Proben wurden mit bidest. Wasser auf verschiedene Gesamtphenolgehalte in Gallussäureäquivalente (GAE) verdünnt und zusammen mit einer Standardlösung von α-Amylase für 5 Minuten inkubiert. Die Endkonzentration von α-Amylase betrug in allen Proben-Ansätzen 0,5 g/l. Die Durchführung des Assays entsprach den Herstellerangaben, die Volumina wurden für den Einsatz in Mikrotiterplatten jedoch auf ¼ der ursprünglichen Angaben reduziert. Die Extinktion bei 405 nm wurde über den Zeitraum von 7 Minuten verfolgt. Im linearen Bereich des Anstiegs wurde die Extinktionsänderung je Minute (δE/min) bestimmt. Die Aktivität ergab sich aus Formel 3:

Formel 3 $\quad a[U/l] = 2930 * \Delta E / \min$

$\quad$ a $\quad \triangleq \quad$ Aktivität der α-Amylase
$\quad$ VF $\quad \triangleq \quad$ Verdünnungsfaktor der Probe

Die Aktivität einer reinen α-Amylaselösung in einer Konzentration von 0,5 g/l diente als Referenz und wurde auf 100% gesetzt. Zur Vergleichbarkeit der möglichen Hemmung der Aktivität wurde von den Proben der IC_{50}-Wert, also die GAE-Konzentration bestimmt, die zu einer 50%igen Abnahme der α-Amylase-Aktivität führte.

3.7.11 Aktivitätsbestimmung pankreatischer Lipase

Die Aktivität der Lipase wurde mit Hilfe des von Choi et al. (2003) entwickelten Mikrotiterplatten-Assays bestimmt. Grundlage der Methode ist die Spaltung des Substrates 2,3-dimercapto-1-propanol tributyrat (DMPTB) durch die Lipase. Die freien Thiolgruppen reduzieren das Ellmannsreagenz 2,3-dithiobis(2-nitro benzoic acid) (DTNB). Die entstehende gelbe Färbung kann bei 405 nm verfolgt werden. Die Proben wurden mit bidest. Wasser auf verschiedene Gesamtphenolgehalte in Gallussäureäquivalente (GAE) verdünnt und zusammen mit einer Standardlösung von pankreatischer Lipase für 15 Minuten inkubiert. Die Endkonzentration der pankreatischen Lipase betrug in allen Proben-Ansätzen 5 g/l. Über den Zeitraum von 35 Minuten wurden die Extinktionen bei 405 nm verfolgt. Der lineare Anstieg der Lipase wurde mit dem Verlauf der Extinktion bei einem Einsatz der phenolischen Substanzen verglichen, um eine mögliche Inhibierung festzustellen.

4 Ergebnisse

4.1 Entwicklung des *in vitro* Verdauungsmodells

Die aus der Literatur bekannten Verdauungsmodelle umfassen in den meisten Fällen nicht alle Verdauungsstufen oder arbeiten mit einer sehr komplexen individuellen Mikrobiota (siehe Punkt 1.3).

Für die Feststellung der Resorptionsverfügbarkeit und der Verfolgung der intensiven Metabolisierung von Polyphenolen war es aber notwendig, sowohl die enzymatischen als auch die mikrobiologischen Verhältnisse des Verdauungstraktes zu kombinieren. Für viele Fragestellungen ist es dabei wichtig, exakt definierte und kontrollierte Bedingungen einzuhalten. Zur Simulation der physiologischen Bedingungen wurde daher ein auf Bioreaktoren basierendes *in vitro* Verdauungsmodell aufgebaut. Dies ermöglichte unter anderem die kontrollierte Einstellung der entsprechenden pH-Bedingungen der einzelnen Verdauungsstufen, der anaeroben Verhältnisse und eine einfache Durchmischung. Durch integrierte Peristaltikpumpen konnte ein einfacher Transfer von einem Verdauungsschritt zum nächsten gewährleistet werden.

Durch den Einsatz von synthetischen Verdauungssäften wurden in den ersten beiden Stufen die enzymatischen Bedingungen von Magen und Dünndarm nachgebildet (siehe Punkt 3.4.2). In der Magenpassage wurde ein pH-Wert von 2,0 eingestellt. Dies entspricht dem Optimum des im Magensaft enthaltenen Pepsins und den durchschnittlichen pH-Werten, die in nüchternem Zustand vorliegen (Kalantzi et al. 2006). Vorversuche zeigten weiterhin, dass es zu keiner wesentlichen Erhöhung des pH-Wertes durch die vergorene und mit Johanisbeersaft versetzte Bierwürze in der Magenpassage kam. Die Simulierung der Magenpassage erfolgte für 2 Stunden, was einer durchschnittlichen Verweildauer in dieser Passage entspricht (DeSesso und Jacobson 2001). In der zweiten Verdauungsstufe wurde synthetischer Doudenalsaft mit charakteristischen Salzen und Verdauungsenzymen zugeführt. Gleichzeitig wurde der pH-Wert des Ansatzes aus der Magenstufe neutralisiert und die Simulierung des Doudenums für durchschnittlich 3 Stunden vorgenommen. Anschließend erfolgte die Betrachtung der mikrobiologischen Abschnitte des Dünndarms und des Dickdarms, um die Metabolisierung der Polyphenole und den Einfluss einer eingesetzten definierten modellhaften Mischkultur zu verfolgen (Tabelle 2). Die Inkubationszeiten in den einzelnen simulierten Passagen des Ileums und des Dickdarms orientierten sich an durchschnittlichen Verweildauern während der menschlichen Verdauung (DeSesso und Jacobson 2001). Es wurden dabei Bakterien ausgewählt, die entweder in hoher Zellkonzentration vorherrschen oder von denen eine charakteristische metabolische Aktivität in den entsprechenden Darmabschnitten bekannt ist.

Ergebnisse

4.2 Metabolisierung von Gluconsäure

Im Gegensatz zu vielen anderen organischen Säuren wird Gluconsäure nur zu 30% im Dünndarm resorbiert und wird zu einem Hauptteil von verschiedenen Darmbakterien verstoffwechselt (Asano et al. 1994). Die entstehenden Produkte (Essig- und Milchsäure) werden wiederum weiter zu gesundheitsfördernden kurzkettigen Fettsäuren wie Buttersäure und Propionsäure metabolisiert (Kameue et al. 2004). Im *in vitro* Verdauungsmodell erfolgte eine Simulierung dieser Bedingungen und die Umwandlung von Gluconsäure über Milchsäure zu weiteren Metaboliten unter simulierten Dünn- und Dickdarmbedingungen mit einzelnen Darmbakterien wurde verfolgt Dazu wurde die Gluconsäure in der Stufe des simulierten Dünndarms als alleinige Kohlenstoffquelle eingesetzt. Die Versuche wurden mit einem Stamm von *Lactobacillus reuteri* mit einer Animpfkonzentration von $5*10^7$ Z/ml bei pH 6,8 durchgeführt. Die gewählte Konzentration von 2,6 g/l orientierte sich an einem ermittelten Gehalt an Gluconsäure, die durch den Herstellungsprozess mittels des am Institut entwickelten Fermentationsprozesses in der vergorenen Bierwürze vorlag (Bader 2008).

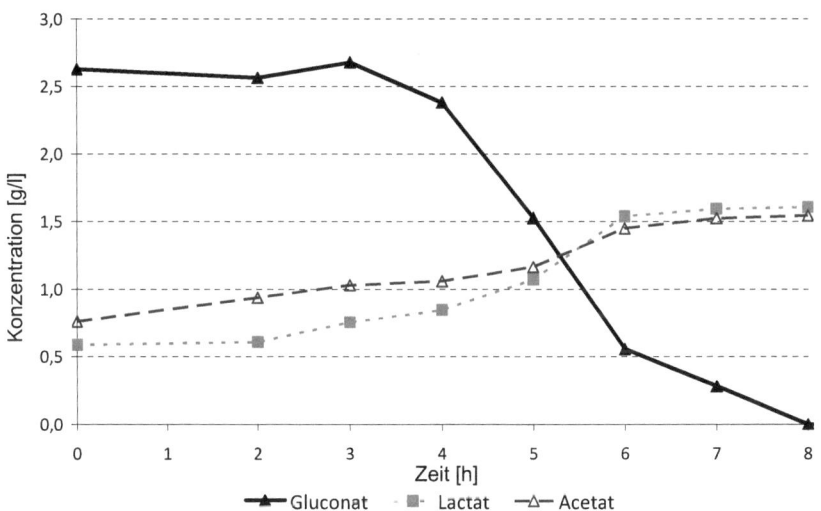

Abbildung 6: Metabolisierung von Gluconsäure durch *Lactobacillus reuteri* in Abhängigkeit von der Zeit im simulierten Dünndarm
(pH 6,8; 37°C; anaerob)

Die unter simulierten Dünndarmbedingungen eingesetzte Zellkonzentration von *Lactobacillus reuteri* erhöhte sich bis auf $3,5*10^8$ Z/ml in der stationären Wachstumsphase zu Stunde 8. Während dieser Zeit wurde die eingesetzte Gluconsäure von 2,5 g/l vollständig verbraucht. Als Metabolite wurden 0,7 g/l Essigsäure und 1,0 g/l Milchsäure detektiert (Abbildung 6).

Ergebnisse

Der Überstand aus der 1. Fermentationsstufe zur Simulierung des Dünndarms wurde nach 8 Stunden in die 2. Stufe transferiert. In dieser wurden die Bedingungen des aufsteigenden Dickdarms mit einem pH-Wert von 5,5 nachgestellt. Zunächst wurde die weitere Metabolisierung der in der Dünndarmstufe gebildeten Metabolite in der Dickdarmstufe durch eine Reinkultur von *Megasphaera elsdenii* mit einer Startzellkonzentration von 2*107 Z/ml getestet.

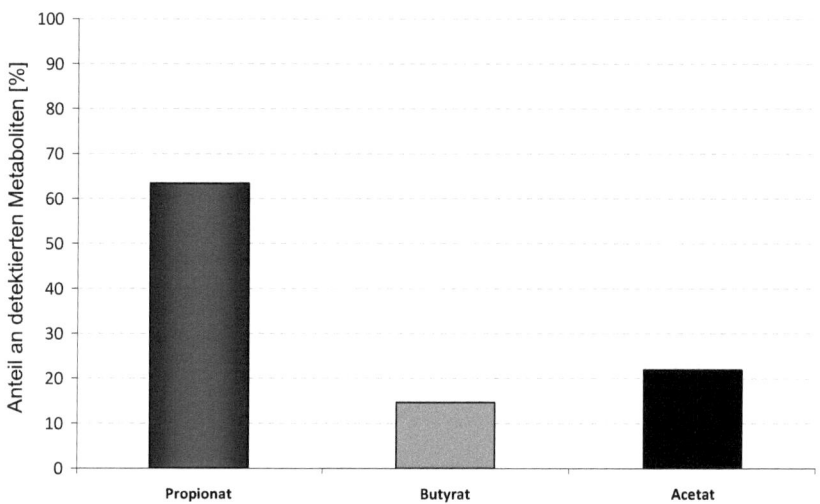

Abbildung 7: Prozentuale Verteilung der Metabolite von *Megasphaera elsdenii* nach 5stündiger Fermentation in der Dickdarmstufe
(pH 5,2; 37°C; anaerob)

Die aus der Stufe des simulierten Dünndarms stammende Milchsäure in einer Konzentration von 1,5 g/l wurde von *Megasphaera elsdenii* innerhalb von 5 Stunden komplett weiter metabolisiert. Propionat wurde dabei als Hauptmetabolit mit einem Gesamtanteil an den identifizierten Stoffwechselprodukten von 63% identifiziert (Abbildung 7). Acetat lag zu 22% vor, Butyrat zu 15%.

4.3 Metabolisierung phenolischer Reinsubstanzen

Wie unter Abschnitt 4.2 aufgezeigt, gibt es ein komplexes Zusammenwirken zwischen verschiedenen Bakterien, aber auch vielfältige Wechselwirkungen zwischen den zu untersuchenden Produkten und den Verhältnissen in den jeweiligen einzelnen Verdauungsstufen. Um die Umsetzung von polyphenolreichen Produkten im *in vitro* Verdauungsmodell nachvollziehen zu können, war es zunächst notwendig mit Reinsubstanzen einiger Lebensmittel-relevanter phenolischer Verbindungen zu arbeiten. Dies diente gleichzeitig der Etablierung der jeweiligen begleitenden Analytik der Verbindungen und deren möglicher Abbauprodukte. Die Messung der Anthocyane wurde von D. Schütt (VLB Berlin, Abteilung Spezialanalytik) durchgeführt. Die weiteren eingesetzten phenolischen Substanzen wurden von N. Beesk (TU Berlin, Institut für Lebensmitteltechnologie und Lebensmittelchemie, Fachgebiet Lebensmittelchemie und Analytik) analysiert.

4.3.1 Umsetzung von Anthocyanen

Die Anthocyane stellen die größte Gruppe der wasserlöslichen Farbpigmente in den Pflanzen dar. Als exemplarisches Beispiel für die Betrachtung der Umsetzung von Anthocyanen im Verdauungsmodell wurde Cyanidin-3-O-rutinosid ausgewählt. Ebenfalls wurde die Umsetzung von Cyanidin und Delphinidin betrachtet und mit Cyanidin-3-O-rutinosid verglichen.

4.3.1.1 Umsetzung von Cyanidin-3-O-rutinosid

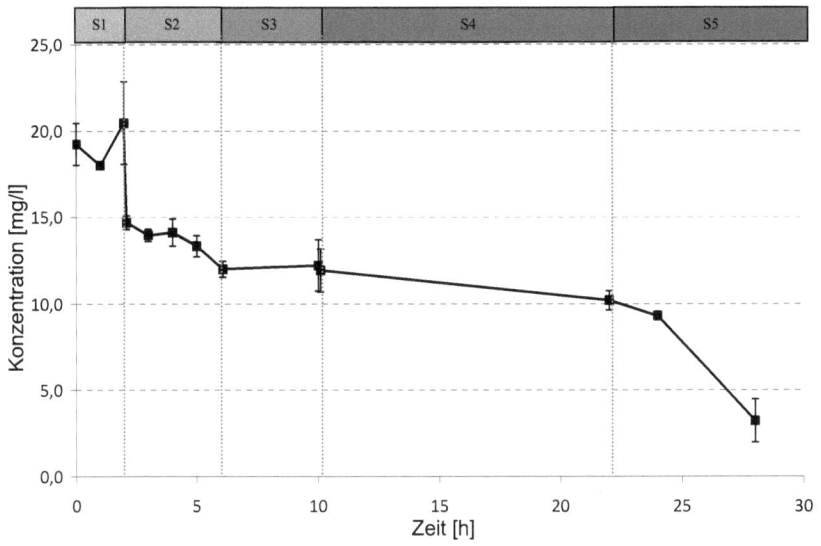

Abbildung 8: Metabolisierung von Cyanidin-3-O-rutinosid in Abhängigkeit von der Zeit
Magen (S1) (2h; pH 2,0; 37°C; anaerob), Duodenum (S2) (4h; pH 6,8; 37°C; anaerob), Ileum (S3) (4h; pH 6,5; 37°C; anaerob), aufsteigender Dickdarm (S4) (12h; pH 5,5; 37°C; anaerob) und absteigender Dickdarm (S5) (6h; pH 6,5; 37°C; anaerob); n=2, Fehlerbalken geben Mittelwertabweichung an

Bei der Simulierung der Magenpassage mit Hilfe von synthetischem Magensaft zeigte sich keine wesentliche Auswirkung auf die Konzentrationen von Cyanidin-3-O-rutinosid (Abbildung 8). Mit dem Übergang in die enzymatische Dünndarmstufe (Duodenum) im *in vitro* Modell und der entsprechenden Erhöhung des pH-Wertes zeigte sich eine Abnahme um 5 mg/l Cyanidin-3-O-rutinosid. Im weiteren Verlauf bis Stunde 6 sank die Konzentration weiter auf 12 mg/l zum Ende der Simulierung des Duodenums. Mit dem anschließenden Einsatz der definierten Mischkulturen in den simulierten mikrobiologischen Dünn- und Dickdarmstufen wurde zunächst nur eine geringe Abnahme der Konzentration des Anthocyans um 15% festgestellt. Nach der

Ergebnisse

Simulierung des Ileums und der folgenden aufsteigenden Dickdarmstufe lagen entsprechend noch 10 mg/l Cyanidin-3-O-rutinosid vor. Eine intensivere Abnahme wurde dagegen in der abschließenden Stufe des absteigenden Dickdarms beobachtet. Innerhalb der 6stündigen Simulation nahm die Konzentration um 7 mg/l bis zur Stunde 28 ab. Dies entsprach einer 70%igen Abnahme an Cyanidin-3-O-rutinosid innerhalb dieser Stufe.

4.3.1.2 Monomere und polymere Anteile und Ermittlung des antioxidativen Potentials von Cyanidin-3-O-rutinosid im *in vitro* Modell

Eine Abnahme der messbaren Konzentrationen an Cyanidin-3-O-rutinosid kann nicht nur durch Abbauprozesse an sich, sondern auch durch vielfältige Umwandlungen und Modifikationen hervorgerufen werden. Für eine erste Abschätzung wurden monomere und polymere Anthocyane bestimmt. Grundlage der Methode ist eine Entfärbung von monomeren Anthocyanen nach Anlagerung von Disulfit. Polymere Anthocyane können dagegen nicht entfärbt werden, da sich Disulfit an diese nur schwer anlagern kann. Eine Korrelation mit den Ergebnissen der Messung des antioxidativen Potentials mittels Photochemolumineszenz (Photochem® der Firma Analytik Jena) wurde geprüft.

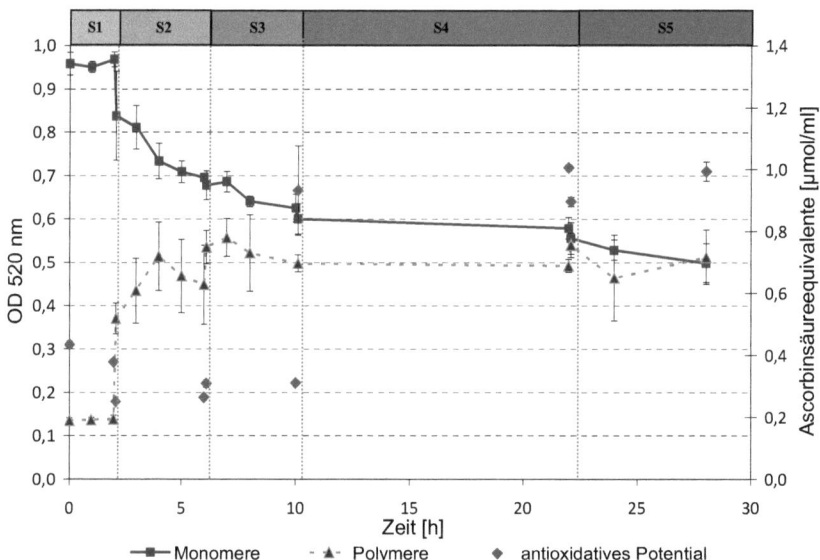

Abbildung 9: Korrelation von antioxidativem Potential zu monomerem und polymerem Cyanidin-3-O-rutinosid über verschiedene Verdauungsstufen
Magen (S1) (2h; pH 2,0; 37°C; anaerob), Duodenum (S2) (4h; pH 6,8; 37°C; anaerob), Ileum (S3) (4h; pH 6,5; 37°C; anaerob), aufsteigender Dickdarm (S4) (12h; pH 5,5; 37°C; anaerob) und absteigender Dickdarm (S5) (6h; pH 6,5; 37°C; anaerob), n=3, Fehlerbalken geben die Standardabweichung an

Der Ausgangswert der Messung der optischen Dichte bei 520 nm für monomeres Cyanidin-3-O-rutinosid betrug 0,9 und die der polymeren Anthocyane 0,14 (Abbildung 9). In der simulierten Magenpassage wurden keine wesentlichen Änderungen beider Werte ermittelt. In den anschließenden Verdauungsabschnitten kam es zu einer kontinuierlichen Abnahme von monomerem Cyanidin-3-O-rutinosid. Die OD_{520nm} fiel auf 0,6 am Ende der Dünndarmpassage und weiter auf 0,5 im weiteren Verlauf der Dickdarmpassage bis zum Ende des Versuches zu Stunde 28. Mit dem Sinken der Konzentration an monomeren Verbindungen wurde gleichzeitig eine Erhöhung der Werte der OD_{520nm} für polymere Cyanidin-3-O-rutinosid-Strukturen detektiert. Diese stiegen bis auf 0,5 in der Dickdarmpassage an. Weiterhin zeigten sich auch in den Werten des antioxidativen Potentials erhebliche Unterschiede in den verschiedenen Passagen des Verdauungsmodells. Mit der Abnahme von monomeren Cyanidin-3-O-rutinosid wurde zunächst eine leichte Abnahme des antioxidativen Potentials von 0,4 µmol/ml zu Stunde 0 auf 0,3 µmol/ml am Ende der Dünndarmstufe zu Stunde 10 beobachtet. Mit dem anschließenden Übergang in die Dickdarmpassage verdreifachte sich das antioxidative Potential dagegen auf 1,0 µmol/ml.

4.3.1.3 Umsetzung von Cyanidin und Delphinidin

Die Aglykone Cyanidin und Delphinidin stellen potentielle Abbauprodukte (Zuckerabspaltung) der Anthocyane dar. Daher wurden diese auch in den simulierten Verdauungsstufen des Magens und des Doudenums eingesetzt und die Umsetzung mit der von Cyanidin-3-O-rutinosid verglichen. Da verschiedene Faktoren wie die Nahrungszusammensetzung einen Einfluss auf die Transitzeit im Magen haben, wurde in den Versuchen ebenfalls eine Auswirkung einer längeren Inkubationszeit von 4 Stunden in der Magenpassage auf die Stabilität von Cyanidin-3-O-rutinosid getestet.

Bei der Aufbereitung der Proben (ansäuern, abzentrifugieren) zur Analyse wurde in allen Proben ein farbiger Niederschlag beobachtet, bei dem es sich eventuell um Protein-Polyphenol-Adukte handelt. Dieser konnte aufgearbeitet werden und daraus nachweislich Anthocyane herausgelöst werden (Schütt et al. 2013).

Ergebnisse

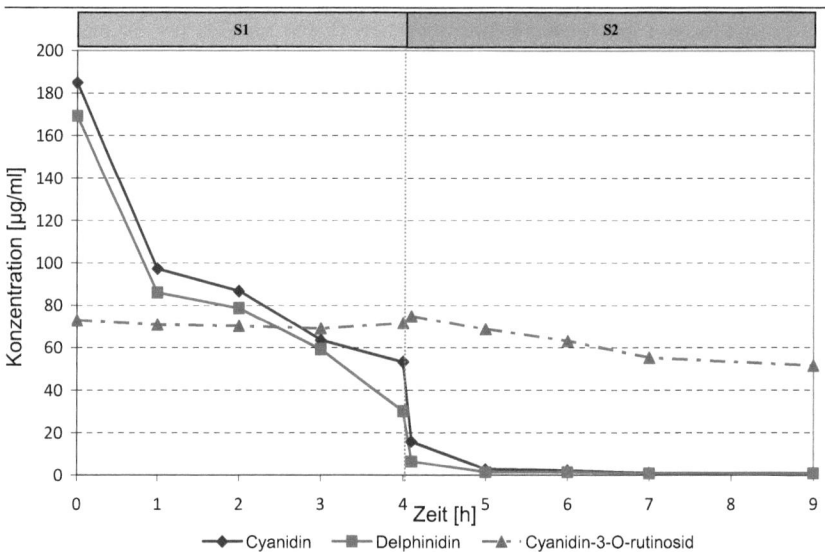

Abbildung 10: Vergleich der Stabilität von Cyanidin-3-O-rutinosid, Cyanidin und Delphinidin in der simulierten Magen- und Dünndarmstufe Doudenum
Magen (S1) (4h; pH 2,0; 37°C; anaerob), Doudenum (S2) (5h; pH 6,8; 37°C; anaerob)

Die Verlängerung der Inkubationszeit in der Magenpassage zeigte keine Änderung in der Umsetzung von Cyanidin-3-O-rutinosid. Während des gesamten Zeitraumes blieb die Konzentration stabil (Abbildung 10). Nach der anschließenden Simulierung der enzymatischen Bedingungen des Dünndarms für 5 Stunden wurde eine 30%ige Abnahme der Ausgangskonzentration von 75 µg/ml auf 52 µg/ml festgestellt. Die Anthocyanidine Cyanidin und Delphinidin zeigten dagegen eine große Instabilität in den Verdauungsstufen. In der Magenpassage war ein Abbau um mehr als 70% der Ausgangskonzentration nachzuweisen (Abbildung 10). Bei der darauffolgenden Simulierung der enzymatischen Bedingungen des Dünndarms wurde ein nahezu vollständiger Abbau von Cyanidin und Delphinidin innerhalb einer Stunde nachgewiesen. Die Konzentrationen sanken von 50 µg/ml zu Beginn der Dünndarmsimulierung bei Stunde 4 innerhalb einer Stunde auf 3 µg/ml zu Stunde 5. Der Kontrollansatz mit synthetischen Verdauungssäften ohne Enzym zeigte sowohl bei Cyanidin-3-O-rutinosid als auch bei Cyanidin und Delphinidin einen vergleichbaren Verlauf. Tabelle 9 stellt die Wiederfindungsraten der Substanzen nach den beiden Verdauungsstufen bei den Ansätzen in Verdauungssäften mit und ohne Enzym gegenüber.

Tabelle 9: Wiederfindungsraten von Anthocyanen und deren Aglyconen

eingesetzte Substanz	Wiederfindung nach Magenstufe [%]		Wiederfindung nach Dünndarmstufe [%]	
	Magensaft mit Enzym	Magensaft ohne Enzym	Dünndarmsaft mit Enzym	Dünndarmsaft ohne Enzym
Cyanidin-3-O-rutinosid	98,4	99,5	70,6	78,8
Cyanidin	28,8	26,4	0,5	0,5
Delphinidin	17,8	18,1	0,5	0,8

Gleichzeitig mit der Abnahme der Anthocyanidine konnten einige entstehende Metabolite quantifiziert werden.

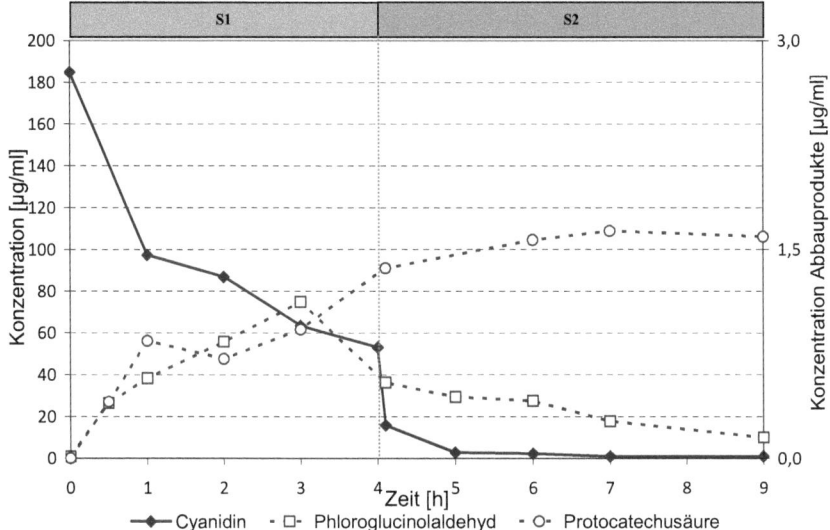

Abbildung 11: Abbauprodukte von Cyanidin in der simulierten Magen- und Dünndarmstufe Doudenum
Magen (S1) (pH 2, 37°C, 4h, anaerob); Duodenum (S2) (pH 6,8; 37°C, 5h, anaerob)

Mit Abnahme von Cyanidin in der Magenpassage stieg die Konzentration von Phloroglucinolaldehyd um 1 µg/ml an (Abbildung 11). In der folgenden Dünndarmpassage nahm die Konzentration kontinuierlich ab und sank bis auf 0,2 µg/ml am Ende der Untersuchung ab. Die Konzentration von Protocatechusäure stieg zunächst in der Magenpassage auf 1,4 µg/ml an (Abbildung 11). Ein weiterer Anstieg auf 1,6 µg/ml konnte im weiteren Verlauf der Dünndarmsimulation bis Stunde 7 festgestellt werden.

Ergebnisse

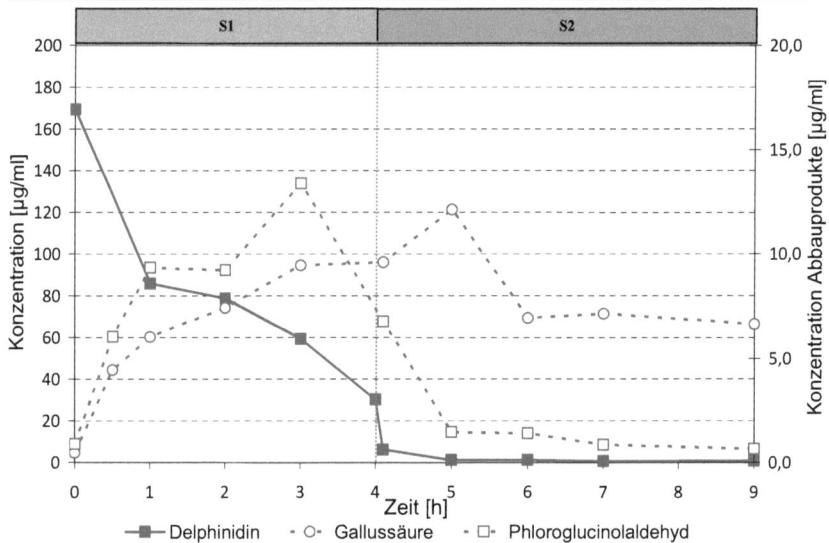

Abbildung 12: Abbauprodukte von Delphinidin in der simulierten Magen- und Dünndarmstufe Doudenum
Magen (4h; pH 2,0; 37°C; anaerob) und Dünndarm - Duodenum (5h; pH 6,8; 37°C; anaerob)

Während der Abnahme von Delphinidin in der simulierten Magenpassage konnte eine stetige Zunahme von Gallussäure und Phloroglucinolaldehyd detektiert werden (Abbildung 12). Am Ende der Magenpassage nach 4 Stunden wurde eine Konzentration von 9,5 µg/ml Gallussäure und 13 µg/ml Phloroglucinolaldehyd ermittelt. Die Konzentration von Gallussäure nahm in der folgenden Dünndarmpassage zunächst bis auf 12 µg/ml bei Stunde 5 zu und sank anschließend auf ein Plateau von 7 µg/ml. Für Phloroglucinolaldehyd wurde eine stetige Abnahme von 13,5 µg/ml zu Beginn auf 0,7 µg/ml zu Ende des simulierten Dünndarms festgestellt. Weiterhin zeigten sich durch LC-MS-Analysen Hinweise auf eine Oligomerisierung von Delphinidin (Schütt et al. 2013).

4.3.2 Umsetzung von Flavonolen

Eine weitere relevante Gruppe der Polyphenole in Lebensmitteln nehmen die Flavonole ein. Beispielhaft wurden daher Quercetin-3,4'-diglucosid und Quercetin auf ihre Umsetzung während der Verdauung in den verschiedenen Stufen des *in vitro* Modells geprüft. Ein Kontrollansatz, der in den entsprechenden Stufen keine Verdauungsenzyme bzw. keine Bakterien enthielt, wurde unter sonst gleichen Bedingungen mitgeführt. Dies diente der Überprüfung der Auswirkungen von Temperatur, pH-Wert und den Inhaltsstoffen von Verdauungssäften und Medien auf die eingesetzten Flavonole. Die Analyse der Flavonole erfolgte am Institut für Lebensmitteltechnologie und Lebensmittelchemie, Fachgebiet Lebensmittelchemie und Analytik der TU Berlin.

Ergebnisse

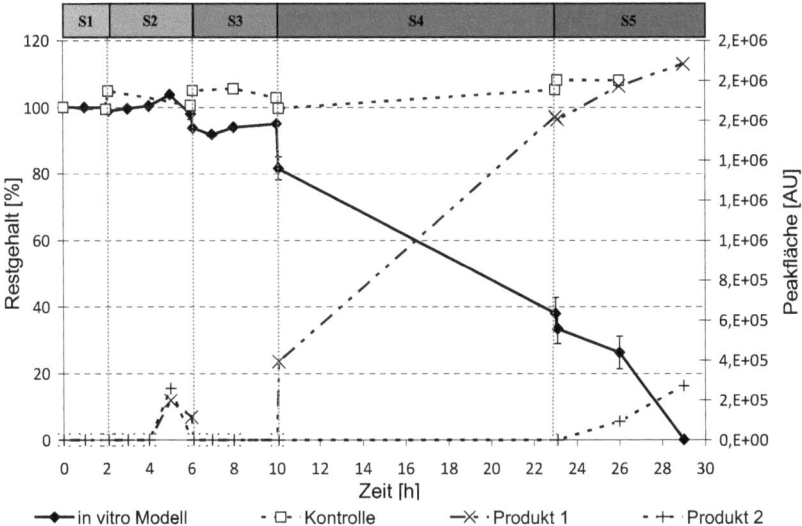

Abbildung 13: Metabolisierung von Quercetin-3,4'-diglucosid über mehrere simulierte Verdauungsstufen
Magen (S1) (2h; pH 2,0; 37°C; anaerob), Duodenum (S2) (4h; pH 6,8; 37°C; anaerob), Ileum (S3) (4h; pH 6,5; 37°C; anaerob), aufsteigender Dickdarm (S4) (13h; pH 5,5; 37°C; anaerob) und absteigender Dickdarm (S5) (6h; pH 6,5; 37°C; anaerob); der Kontrollansatz enthielt keine Enzyme oder Bakterien;%-Angaben beziehen sich auf die Ausgangskonzentration in der Magenstufe; n=2, Fehlerbalken geben Mittelwertabweichung an

Der Einsatz von Quercetin-3,4'-diglucosid zeigte eine große Stabilität in den ersten Stufen des Magens und der Dünndarmstufen des Verdauungsmodells bis Stunde 10 (Abbildung 13). Bis zum Beginn der simulierten Dickdarmpassage wurde eine Restkonzentration von 95% ermittelt. In der Dickdarmpassage fand wiederum eine intensive mikrobiologische Metabolisierung statt. Bis zum Ende des Versuches zu Stunde 29 wurde Quercetin-3,4'-diglucosid vollständig umgesetzt. Mit der Verstoffwechselung in der aufsteigenden Dickdarmstufe wurde ein Abbauprodukt (Produkt 1) detektiert, dessen Konzentration sich bis zum Ende des Versuches stetig erhöhte. In der absteigenden Dickdarmstufe wurde ein weiteres Abbauprodukt (Produkt 2) mit zunehmender Konzentration festgestellt. Durch LC-MS-Analysen wurde Produkt 1 als Quercetin-3-O-glucosid und Produkt 2 als Quercetin identifiziert. Der Kontrollansatz zeigte während des gesamten Verlaufes über alle Verdauungsstufen eine fast 100%ige Wiederfindungsrate von Quercetin-3,4'-diglucosid.

Die Abspaltungen der Zucker und die entsprechende Entstehung von Quercetin konnte erst im letzten Abschnitt des Dickdarmbereichs aufgezeigt werden. Da von weiteren Umsetzungen des Quercetins während einer längeren Inkubation mit den Darmbakterien auszugehen ist wurden im nächsten Schritt die Abbaureaktionen von Quercetin im Verdauungsmodell genauer untersucht.

Ergebnisse

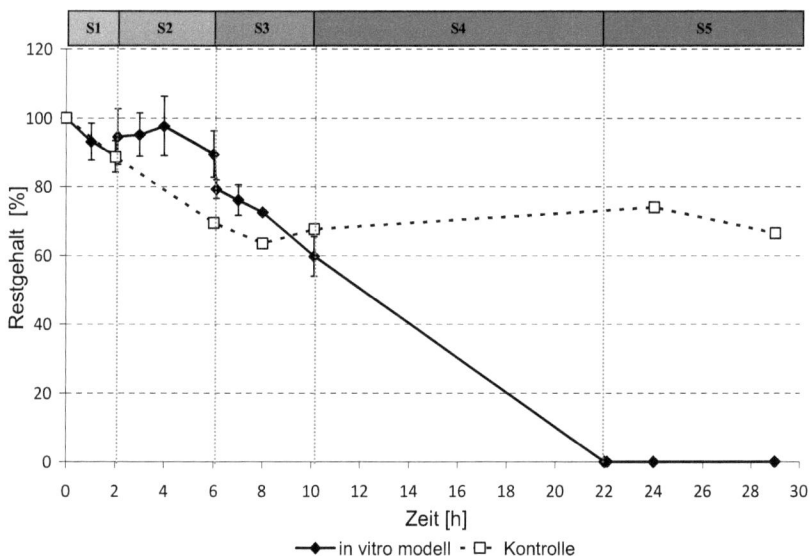

Abbildung 14: Metabolisierung von Quercetin über mehrere simulierte Verdauungsstufen
Magen (S1) (2h; pH 2,0; 37°C; anaerob), Duodenum (S2) (4h; pH 6,8; 37°C; anaerob), Ileum (S3) (4h; pH 6,5; 37°C; anaerob), aufsteigender Dickdarm (S4) (12h; pH 5,5; 37°C; anaerob) und absteigender Dickdarm (S5)(6h; pH 6,5; 37°C; anaerob); der Kontrollansatz enthielt keine Enzyme oder Bakterien;%-Angaben beziehen sich auf Ausgangskonzentrationen in der Magenstufe, n=2 Fehlerbalken geben die Mittelwertabweichung an

In der Magenpassage und dem Doudenum ergaben sich nur minimale Änderungen in der Konzentration von Quercetin. Zu Stunde 6 wurden 90% der ursprünglich eingesetzten Konzentration wiedergefunden (Abbildung 14). Im weiteren Verlauf der Dünn- und Dickdarmpassage zeigte sich eine eindeutige mikrobielle Auswirkung. Mit Einsatz der ausgewählten Bakterien im simulierten Ileum kam es zu einem 20%igen Abbau von Quercetin. Die weitere Inkubation in der aufsteigenden Dickdarmpassage führte zu einer intensiven Metabolisierung und vollständigen Abnahme der Quercetinkonzentration bis Stunde 22. Der Kontrollansatz zeigte dagegen zu Ende des Versuches zu Stunde 29 noch ein Restgehalt von 67%. Bei der Analyse der Metabolite konnten keine bekannten Abbauprodukte der Ringspaltung (Phloroglucinol und Hydroxyphenylessigsäure) detektiert werden. Mittels LC-MS-Analyse wurde jedoch eine Substanz mit der Masse 350 g/mol identifiziert. Es wird vermutet, dass es sich dabei um ein bisher nicht beschriebenes Zusammenlagerungsprodukt der bekannten Abbauprodukte handelt. Ein Strukturvorschlag ist Abbildung 15 zu entnehmen.

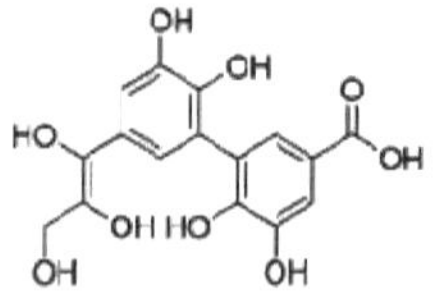

Abbildung 15: Postulierter Strukturvorschlag des mittels LC-MS-Analyse identifizierten Produktes bei der simulierten Verdauung von Quercetin

(E)-5,5',6,6'-tetrahydroxy-3'-(1,2,3-trihydroxyprop-1-enyl)biphenyl-3-carboxylic acid

Ergebnisse

4.3.3 Umsetzung von Hydroxyzimtsäuren und deren Estern

Hydroxyzimtsäuren stellen neben den Flavonoiden eine weitere wichtige Gruppe der Polyphenole dar, die mit einer ausgewogenen Ernährung aufgenommen werden. Da eine Reihe von physiologischen Effekten mit einer Aufnahme der Hydroxyzimtsäuren in Verbindung gebracht wird, ist die Betrachtung der Resorptionsverfügbarkeit und der möglichen Umsetzung durch Darmbakterien von großem Interesse. Die Analyse der Hydroxyzimtsäuren und deren Estern erfolgte am Institut für Lebensmitteltechnologie und Lebensmittelchemie, Fachgebiet Lebensmittelchemie und Analytik der TU Berlin.

4.3.3.1 Hydroxyzimtsäuren

Als Beispiele der Hydroxyzimtsäuren wurden Ferulasäure (3-(4-hydroxy-3-methoxyphenyl)-acrylsäure), Kaffeesäure (2-(3,4-Dihydroxy-phenyl)-acrylsäure) und Sinapinsäure (3-(4-hydroxy-3,5-dimethoxyphenyl)-acrylsäure) im Verdauungsmodell eingesetzt. Ein Kontrollansatz ohne Enzyme und Bakterien wurde jeweils mitgeführt.

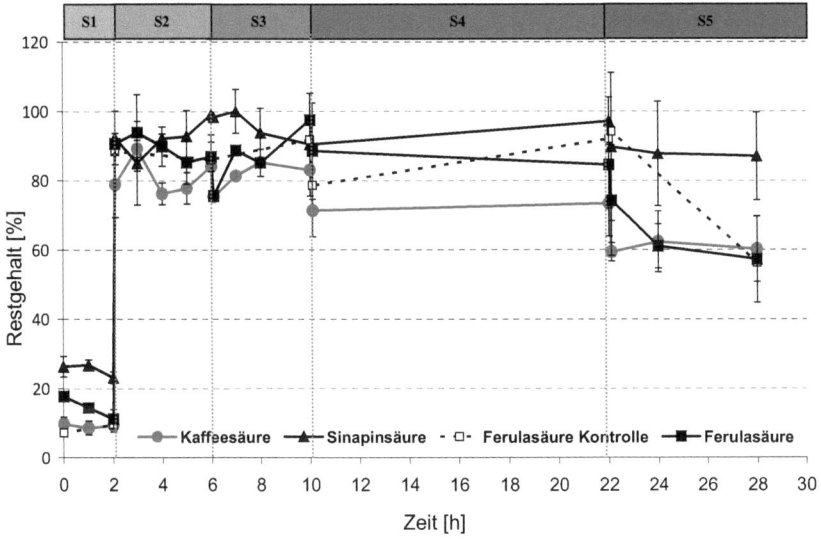

Abbildung 16: Konzentrationen verschiedener Hydroxyzimtsäuren während der Simulierung im *in vitro* Verdauungsmodell
Magen (S1) (2h; pH 2,0; 37°C; anaerob), Duodenum (S2) (4h; pH 6,8; 37°C; anaerob), Ileum (S3) (4h; pH 6,5; 37°C; anaerob), aufsteigender Dickdarm (S4) (12h; pH 5,5; 37°C; anaerob) und absteigender Dickdarm (S5) (6h; pH 6,5; 37°C; anaerob);%-Angaben beziehen sich auf ursprünglich eingesetzte Konzentration an Hydroxyzimtsäuren; n=2, Fehlerbalken geben Mittelwertabweichung an

Beim Einsatz der Hydroxyzimtsäuren zeigte sich in allen Ansätzen in der Magenpassage im Zeitraum von 0 bis 2 Stunden eine sehr geringe Anfangskonzentration, die nur 10 bis 25% der ursprünglich eingesetzten Konzentrationen ausmachte (Abbildung 16). Mit Zufuhr des synthetischen Doudenalsaftes und damit verbundener Erhöhung des pH-Wertes auf 6,8 konnten in etwa die ursprünglich eingesetzten Konzentrationen der Hydroxyzimtsäuren detektiert werden. Im weiteren Verlauf der Dünndarmsimulation zeigten sich keine wesentlichen Änderungen in den Konzentrationen. Eine Abnahme der Restgehalte während der anschließenden Dickdarmpassage von 85% zu Stunde 10 bis auf 60% zu Stunde 28 wurde bei Ferulasäure und Kaffeesäure ermittelt. Der Kontrollansatz von Ferulasäure zeigte einen vergleichbaren Verlauf. Die Konzentration von Sinapinsäure betrug über den gesamten Verlauf der Dünn- und Dickdarmsimulation im Durchschnitt 90% der eingesetzten Menge. Bei der Betrachtung der entstehenden Stoffwechselprodukte der teilweise im Verdauungsmodell umgesetzten Substanzen konnten bei der Ferulasäure mittels LC-MS-Analyse Hinweise auf Abbauprozesse nachgewiesen werden. Eine identifizierte Substanz mit der Masse von 150 g/mol weist auf Decarboxylierungen hin (Abbildung 17).

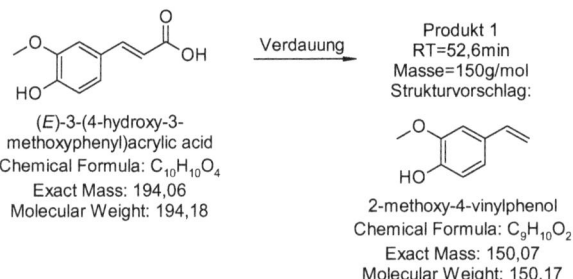

Abbildung 17: Umsetzung von Ferulasäure zum postulierten LC-MS-Produkt M=150 g/mol

Bei der Analyse von entstehenden Metaboliten von Kaffeesäure und Sinapinsäure zeigten sich dagegen Hinweise auf Polymerisierungen (Anhang 1).

4.3.3.2 Einfluss von Mucin

Aufgrund der auffallend niedrigen Wiederfindungsraten der Hydroxyzimtsäuren im Magen sollte eine Wechselwirkung mit Proteinen aus dem synthetischen Verdauungssaft geprüft werden. Da im Kontrollansatz ein vergleichbarer Effekt zu beobachten war, konnte eine Ursache durch das Verdauungsenzym Pepsin ausgeschlossen werden. Weiterer Bestandteil des eingesetzten Magensaftes war in beiden Fällen Mucin. Um eine Beeinflussung dieses Glycoproteins zu testen, wurde beispielhaft Kaffeesäure ausgewählt und sowohl mit synthetischem Magensaft mit Mucin als auch ohne Mucin versetzt. Als Vergleich diente eine gleiche Verdünnung der Kaffeesäure mit bidest. Wasser pH 7,0 und bidest. Wasser pH 2,0 (eingestellt mit 1 M HCl).

Ergebnisse

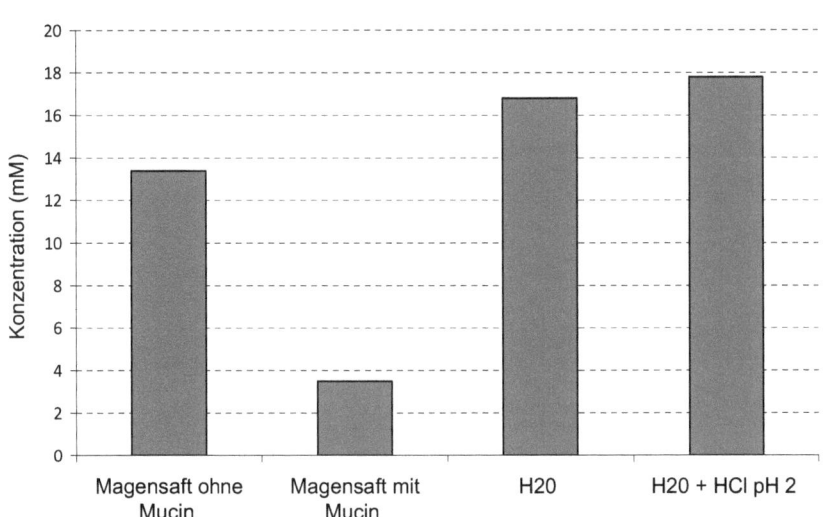

Abbildung 18: Einfluss von Mucin auf die gemessene Konzentration von Kaffeesäure

Sowohl in bidest. Wasser mit pH 7,0 als auch in bidest. Wasser mit eingestelltem pH-Wert 2,0 wurden im Durchschnitt 17,5 mM Kaffeesäure detektiert (Abbildung 18). Dies entsprach 100% der ursprünglich eingesetzten Konzentration. Ein Einsatz von Magensaft ohne Mucin ergab eine 15% niedrigere Konzentration. Die geringste Wiederfindungsrate ergab sich beim Einsatz von Magensaft mit Mucin. Hier wurde eine Konzentration von 3,5 mM ermittelt.

4.3.3.3 Chlorogensäure

Die schon aufgezeigten Umsetzungen und Vergleiche von Cyanidin mit Cyanidin-3-O-rutinosid und Quercetin mit Quercetindiglycosid zeigten eine erhöhte Stabilität der glycosilierten Formen (siehe Kapitel 4.3.1.3 und 4.3.2). Daher sollte Chlorogensäure (5-Caffeoylchinasäure) als Ester der Kaffee- und der Chinasäure mit der Stabilität der reinen Kaffeesäure im in vitro Modell verglichen werden.

Die Inkubation von Chlorogensäure in synthetischem Magensaft zeigte keine Auswirkungen auf die Konzentration. Mit dem Übergang in die enzymatische Dünndarmstufe Duodenum war eine Abnahme um 60% festzustellen (Abbildung 19). Im weiteren Verlauf bis Stunde 10 blieben die ermittelten Werte im Bereich von 40%. In der anschließenden Dickdarmpassage des Verdauungsmodells war eine vollständige Abnahme der Chlorogensäure bis Stunde 26 zu beobachten. Dies entsprach einer Abnahme von 2,8% je Stunde. Mit der Abnahme der Chlorogensäure konnte die Entstehung eines Metabolites (Produkt 1) verfolgt werden. Durch LC-MS-Analysen wurde bestätigt, dass es sich dabei um Kaffeesäure handelt, die durch

Ergebnisse

Abspaltung der Chinasäure entsteht. Der Kontrollansatz zeigte dagegen stabile Konzentrationen von 70 bis 75% bis zum Ende der Dickdarmpassage.

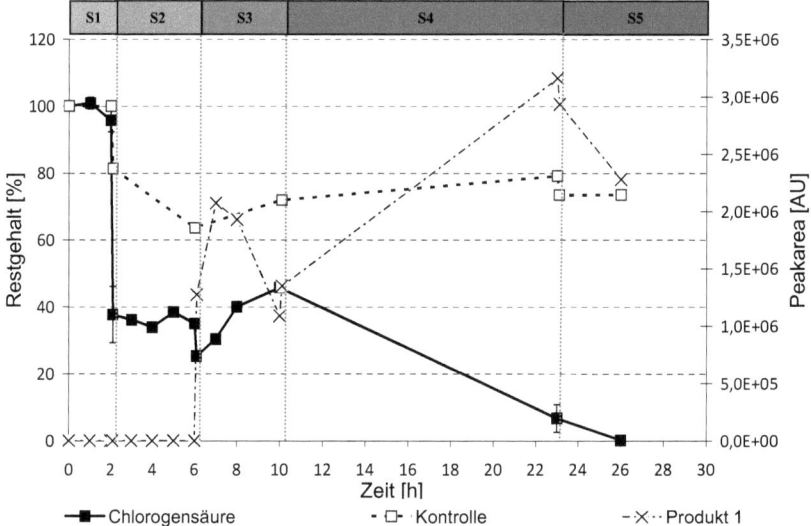

Abbildung 19: Konzentration von Chlorogensäure während der Simulierung im *in vitro* Verdauungsmodell Magen (S1) (2h; pH 2,0; 37°C; anaerob), Duodenum (S2) (4h; pH 6,8; 37°C; anaerob), Ileum (S3) (4h; pH 6,5; 37°C; anaerob), aufsteigender Dickdarm (S4) (13h; pH 5,5; 37°C; anaerob) und absteigender Dickdarm (S5) (3h; pH 6,5; 37°C; anaerob); der Kontrollansatz enthielt keine Enzyme oder Bakterien;%-Angaben beziehen sich auf die Ausgangskonzentration in der Magenpassage; n=2, Fehlerbalken geben Mittelwertabweichung an

Die Inkubation von Chlorogensäure in synthetischem Magensaft zeigte keine Auswirkungen auf die Konzentration. Mit dem Übergang in die enzymatische Dünndarmstufe Duodenum war eine Abnahme um 60% festzustellen (Abbildung 19). Im weiteren Verlauf bis Stunde 10 blieben die ermittelten Werte im Bereich von 40%. In der anschließenden Dickdarmpassage des Verdauungsmodells war eine vollständige Abnahme der Chlorogensäure bis Stunde 26 zu beobachten. Dies entsprach einer Abnahme von 2,8% je Stunde. Mit der Abnahme der Chlorogensäure konnte die Entstehung eines Metabolites (Produkt 1) verfolgt werden. Durch LC-MS-Analysen wurde bestätigt, dass es sich dabei um Kaffeesäure handelt, die durch Abspaltung der Chinasäure entsteht. Der Kontrollansatz zeigte dagegen stabile Konzentrationen von 70 bis 75% bis zum Ende der Dickdarmpassage.

4.3.4 Umsetzung von Brenzcatechin

In den vorherigen aufgezeigten Versuchen konnten teilweise die aus der Literatur bekannten Metabolite nicht nachgewiesen werden. Darum sollte geprüft werden, ob diese auch der mikrobiellen Umsetzung im simulierten Verdauungsmodell unterliegen. Beispielhaft wurde dazu Brenzcatechin (1,2-Dihydroxybenzol) ausgewählt.

Ergebnisse

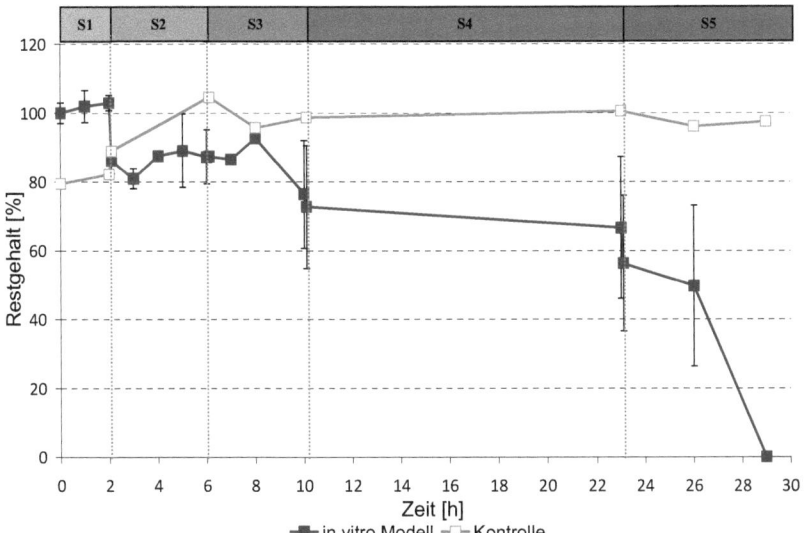

Abbildung 20: Konzentration von Brenzcatechin während der Simulierung im *in vitro* Verdauungsmodell
Magen (S1) (2h; pH 2,0; 37°C; anaerob), Duodenum (S2) (4h; pH 6,8; 37°C; anaerob), Ileum (S3) (4h; pH 6,5; 37°C; anaerob), aufsteigender Dickdarm (S4) (13h; pH 5,5; 37°C; anaerob) und absteigender Dickdarm (S5) (6h; pH 6,5; 37°C; anaerob); der Kontrollansatz enthielt keine Enzyme oder Bakterien;%-Angaben beziehen sich auf ursprünglich eingesetzte Konzentration an Brenzcatechin

Die Konzentration von Brenzcatechin während der Verdauungssimulation unterlag bis Stunde 8 einigen Schwankungen. Die Analyse ergab zu dieser Zeit jedoch eine Wiederfindung von 92% (Abbildung 20). In der Dickdarmpassage war im Vergleich zum Kontrollansatz eine eindeutige Abnahme der Konzentrationen festzustellen. Während der Kontrollansatz während der gesamten Verdauungsstufen stabile Konzentrationen aufwies, zeigte sich im Ansatz mit eingesetzten Bakterien während der Dickdarmpassage bis Stunde 29 eine vollständige Abnahme von Brenzcatechin.

4.4 Umsetzung von Heißextrakt aus Johannisbeertrester

Nach dem Einsatz verschiedener phenolischer Einzelverbindungen und der damit verbundenden Etablierung der Quantifizierung der Substanzen und deren möglichen Metaboliten durch die Projektpartner Abteilung Spezialanalytik der VLB Berlin und dem Fachgebiet Lebensmittelchemie und Analytik im Institut für Lebensmitteltechnologie und Lebensmittelchemie der TU Berlin sollte im nächsten Schritt eine Mischung verschiedener Polyphenole eingesetzt werden. Da die kommerziell erhältlichen Reinsubstanzen meist sehr kostenintensiv sind, wurde als sinnvolle Alternative ein wässriger Heißextrakt aus Johannisbeertrester hergestellt, analysiert und in den Stufen des Verdauungsmodells eingesetzt. Der Heißextrakt wurde dabei aus 10% (w/v) Trester in bidest. Wasser hergestellt und für 20 min bei 100°C gekocht. Im Folgenden wurden exemplarisch die Anthocyane zur Auswertung

Ergebnisse

der Umsetzung herangezogen. Die Quantifizierung der Anthocyane erfolgte durch die Abteilung Spezialanalytik der VLB Berlin.

4.4.1 Zusammensetzung

Um mögliche Einflussfaktoren zu ermitteln, die Auswirkungen auf die Resorptionsverfügbarkeit des Heißextraktes haben könnten, wurden einige wichtige Parameter bestimmt. Tabelle 11 gibt eine Übersicht über die mittels HPLC detektierten Zucker und organischen Säuren.

Tabelle 10: HPLC-Analyse von Heißextrakt aus Johannisbeertrester

organische Säuren	Konzentration [g/l]	Zucker	Konzentration [g/l]
Gluconsäure	0,0	Maltose	0,5
Milchsäure	0.4	Glucose	0,8
Essigsäure	0,0	Fructose	0,7

Weiterhin wurde ein Gesamtphenolgehalt von 1588 µg/ml Gallussäureäquivalente (GAE) ermittelt. Aus der Stickstoffbestimmung nach Dumas ergab sich ein Proteingehalt von 44 mg/l.

4.4.2 Anthocyankonzentrationen

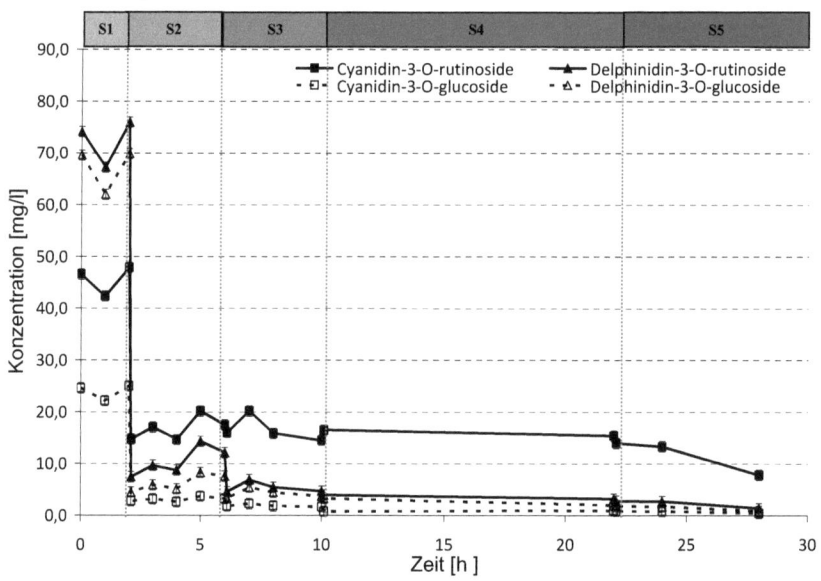

Abbildung 21: Anthocyankonzentrationen von Heißextrakt über verschiedene simulierte Verdauungsstufen
Magen (S1) (2h; pH 2,0; 37°C; anaerob), Duodenum (S2) (4h; pH 6,8; 37°C; anaerob), Ileum (S3) (4h; pH 6,5; 37°C; anaerob), aufsteigender Dickdarm (S4) (12h; pH 5,5; 37°C; anaerob) und absteigender Dickdarm (S5) (6h; pH 6,5; 37°C; anaerob)

Delphinidin-3-O-glucosid und -3-O-rutinosid stellten zu Beginn des Versuches mit 70 mg/l und 75 mg/l den größten Anteil der 4 untersuchten Anthocyane und zeigten

Ergebnisse

während der Magenpassage keine Abnahme (Abbildung 21). Auch Cyanidin-3-O-glucosid und -3-O-rutinosid zeigten mit 25 mg/l und 46 mg/l stabile Konzentrationen während der simulierten Magenpassage. Mit Übergang in die Dünndarmpassage zeigte sich eine erhebliche Abnahme aller 4 Anthocyane um mehr als 70%. Im weiteren Verlauf der Dünndarmsimulation halbierten sich die Anthocyankonzentrationen. Ausnahme bildete Cyanidin-3-O-rutinosid mit weitestgehend gleichbleibenden Konzentrationen in der Dünndarmpassage. In der Dickdarmpassage war ebenfalls eine 50%ige Abnahme an Cyanidin-3-O-rutinosid zu beobachten. Nach 28 Stunden wurden 8 mg/l detektiert, während die drei anderen Anthocyane unter einer Konzentration von 1 mg/l lagen.

4.4.3 Monomere und polymere Anthocyane und Ermittlung des antioxidativen Potentials von Heißextrakt im *in vitro* Modell

Für eine erste Abschätzung von möglichen Zusammenlagerungsreaktionen wurde der Verlauf an monomeren und polymeren Anthocyanen bestimmt. Eine Korrelation mit den Ergebnissen der Messung des antioxidativen Potentials mittels Photochemolumineszenz (Photochem® der Firma Analytik Jena) wurde geprüft.

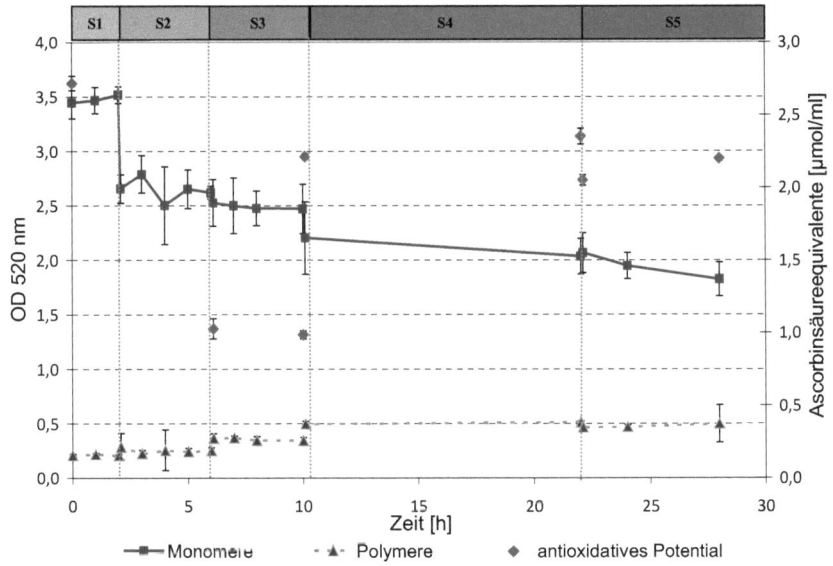

Abbildung 22: Antioxidatives Potential und Verlauf der OD bei 520 nm für monomere und polymere Anthocyane beim Einsatz von Heißextrakt im *in vitro* Verdauungsmodell
Magen (S1) (2h; pH 2,0; 37°C; anaerob), Duodenum (S2) (4h; pH 6,8; 37°C; anaerob), Ileum (S3) (4h; pH 6,5; 37°C; anaerob), aufsteigender Dickdarm (S4) (12h; pH 5,5; 37°C; anaerob) und absteigender Dickdarm (S5) (6h; pH 6,5; 37°C; anaerob)

Monomere und polymere Anthocyane blieben während der Magenpassage stabil (Abbildung 22). Mit dem Übergang in die Dünndarmpassage kam es zu einem Abfall der monomeren Anthocyane von einer OD520nm von 3,5 in der Magenpassage auf

Ergebnisse

2,6 am Beginn der Dünndarmsimulation. Dies wurde auch schon bei der Quantifizierung der Anthocyane beobachtet (Abbildung 21). Während der Anteil der monomeren Anthocyane bis Versuchsende weiter auf eine OD520nm von 1,8 abnahm kam es gleichzeitig zu einer Erhöhung der polymeren Anthocyane. Von der Dünndarmpassage auf die Dickdarmpassage kam es zu einer Verdopplung der gemessenen OD520nm Werte der polymeren Anthocyane. In Zusammenhang mit der Abnahme der monomeren Anthocyane kam es bis zur Dünndarmstufe zu einer Abnahme des antioxidativen Potentials. Zu Beginn der Magenstufe wurde ein antioxidatives Potential von 2,7 µmol/ml Ascorbinsäureäquivalente (AscEq) ermittelt. Bis zum Ende der Dünndarmpassage sank dieses auf 1 µmol/ml AscEq. In der Dickdarmpassage und mit erhöhten polymeren Anthocyanen stieg das antioxidative Potential wiederum und blieb bis Ende der Dickdarmpassage auf einem Level von 2 µmol/ml AscEq.

4.5 Umsetzung von Johannisbeersaft

Zur Prüfung der Umsetzung von Polyphenolen eines kommerziell erhältlichen Produktes wurde beispielhaft Schwarzer Johannisbeersaft (Liven GmbH, Dabendorf, Deutschland) ausgewählt. Es wurde versucht die Zuckerkonzentration im Verdauungsmodell gering zu halten und eine in etwa vergleichbare Anthocyankonzentration zu anderen Versuchen einzusetzen. Der Saft wurde daher in den Versuchen 1:10 mit bidest. Wasser verdünnt. Die Quantifizierung der Anthocyane erfolgte durch D. Schütt in der Abteilung Spezialanalytik der VLB Berlin.

4.5.1 Zusammensetzung

Für eine eventuelle mögliche Bestimmung von Einflussfaktoren wurden einige wichtige Parameter des Heißextraktes bestimmt. Tabelle 11 gibt eine Übersicht über die mittels HPLC detektierten Zucker und organischen Säuren.

Tabelle 11: HPLC-Analyse von Johannisbeersaft

organische Säuren	Konzentration [g/l]	Zucker	Konzentration [g/l]
Gluconsäure	1,0	Maltose	0,3
Milchsäure	1,4	Glucose	5,6
Essigsäure	0,3	Fructose	7,1

Weiterhin wurde ein Gesamtphenolgehalt von 874 µg/ml Gallussäureäquivalente (GAE) ermittelt. Aus der Stickstoffbestimmung nach Dumas ergab sich ein Proteingehalt von 27 mg/l.

Ergebnisse

4.5.2 Anthocyankonzentration

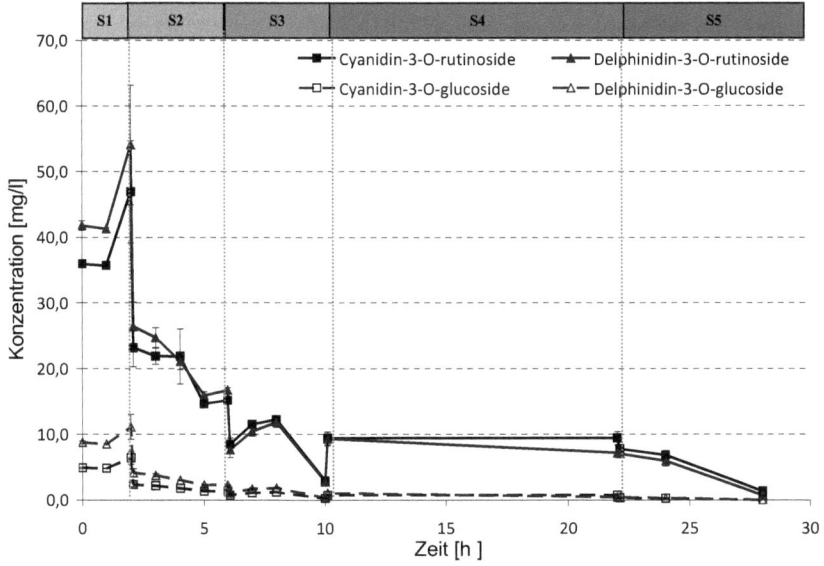

Abbildung 23: Anthocyankonzentrationen von Johannisbeersaft während der Simulierung im *in vitro* Verdauungsmodell
Magen (S1) (2h; pH 2,0; 37°C; anaerob), Duodenum (S2) (4h; pH 6,8; 37°C; anaerob), Ileum (S3) (4h; pH 6,5; 37°C; anaerob), aufsteigender Dickdarm (S4) (12h; pH 5,5; 37°C; anaerob) und absteigender Dickdarm (S5) (6h; pH 6,5; 37°C; anaerob)

Während von Cyanidin- und Delphinidin-3-rutinosid zu Beginn der Magensimulierung Konzentrationen von 42 mg/l bzw. 36 mg/l ermittelt wurden, lagen die Konzentrationen der entsprechenden Cyanidin- und Delphinidin-3-O-glucoside unter 10 mg/l (Abbildung 23). Im Übergang zur Dünndarmpassage sanken die Konzentrationen aller 4 Anthocyane um durchschnittlich 50%. Im weiteren Verlauf der Dünndarmpassage kam es zu einem weiteren Abbau der Anthocyane um 50%. Ab Stunde 10 waren von den glucosidischen Formen nur noch minimale Konzentrationen von unter 1 mg/l zu detektieren. Die Konzentrationen der Cyanidin- und Delphinidin-3-rutinoside lagen zu dieser Zeit bei 10 mg/l. Bis zu Ende der Dickdarmpassage wurden alle Anthocyane komplett verstoffwechselt.

4.5.3 Einfluss der einzelnen Verdauungsstufen

Da im Verdauungsmodell neben den enzymatischen und mikrobiologischen Einflussfaktoren auch die physikochemischen Faktoren berücksichtigt werden, sollte eine Wiederholung des Versuches zur Umsetzung von Johanisbeersaft den Einfluss der einzelnen Faktoren und Verdauungsstufen noch einmal genauer untersuchen und gegenüberstellen. Die Kontrollansätze spiegelten dabei die reinen physikochemischen Faktoren wie pH-Wert, Temperatur und sonstige Bestandteile der Medien wider. Diese enthielten aber in den synthetischen Verdauungssäften keine Enzyme und in den bakteriellen Stufen des Ileums und des Dickdarms keine Bakterien. Zur Auswertung wurde beispielhaft Cyanidin-3-O-rutinosid herangezogen.

Magen und Dünndarmstufen

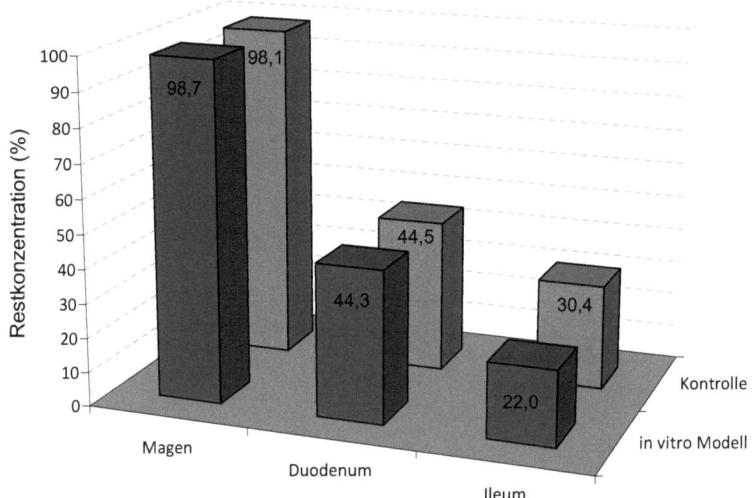

Abbildung 24: Restgehalte an Cyanidin-3-O-rutinosid nach der Simulierung von Magen- und Dünndarmstufe im *in vitro* Verdauungsmodell beim Einsatz von Johannisbeersaft
Magen (3h; pH 2,0; 37°C; anaerob), Duodenum (3h; pH 6,8; 37°C; anaerob), Ileum (6h; pH 6,5; 37°C; anaerob); der Kontrollansatz enthielt keine Enzyme oder Bakterien; %-Angaben beziehen sich auf die Ausgangskonzentration in der Magenstufe

Während der Einwirkung der simulierten Magenbedingungen konnte kein Einfluss auf die Anthocyankonzentration ermittelt werden (Abbildung 24). Nach der Inkubation im synthetischen Magensaft, sowohl mit als auch ohne Pepsin, wurden mehr als 98% der ursprünglich eingesetzten Konzentration gemessen. Die darauffolgende enzymatische Stufe des Dünndarms (Duodenum) ergab sowohl beim Ansatz im *in vitro* Modell als auch im Kontrollansatz einen Verlust von 55% während der 4stündigen Untersuchung. Eine Differenz zwischen *in vitro* Modell und Kontrollansatz zeigte sich allerdings in der nächsten simulierten Verdauungsstufe des Dünndarms (Ileum). Im Ansatz ohne Mikroorganismen wurden nach der entsprechenden Inkubation noch 30% der ursprünglich eingesetzten Konzentration von Cyanidin-3-O-rutinosid detektiert. Der Einsatz der definierten Mischkultur in der Dünndarmstufe ergab dagegen eine 10% niedrigere Wiederfindung, so dass von einer mikrobiellen Umwandlung ausgegangen werden kann.

Ergebnisse

Dickdarmstufe

Auf die Simulierung der Dünndarmstufe folgte die Betrachtung des aufsteigenden und absteigenden Dickdarms. Um genauere Schlüsse zum Einfluss der eingesetzten Bakterien auf die untersuchten Anthocyane in diesen Bereichen ziehen zu können, wurden die Versuche mit Mischkulturen einzelner Gattungen durchgeführt (Tabelle 12). Der Überstand wurde aus der Dünndarmstufe transferiert und zunächst mit Mischkulturen von verschiedenen Arten der jeweiligen Gattungen unter simulierten aufsteigenden Dickdarmbedingungen bei pH 5,5 für 8 Stunden bei 37°C anaerob kultiviert. Anschließend erfolgte die Kultivierung für weitere 13 Stunden unter simulierten Bedingungen des absteigenden Dickdarms (pH 6,5; 37°C; anaerob). Gleichzeitig wurde jeweils der Kontrollansatz ohne Bakterien unter selben Bedingungen weiter mitgeführt. Beispielhaft wurden die Konzentrationen für Cyanidin-3-O-rutinosid ermittelt und mit der Ausgangskonzentration zu Beginn des simulierten Dickarms verglichen.

Tabelle 12: Eingesetzte Mischkulturen verschiedener Gattungen in der simulierten Dickdarmpassage

I Mischkultur	II Mischkultur	III Mischkultur	IV Mischkultur
Bacteroides	**Eubacterien**	**Bifidobacterien**	**Clostridien**
Bacteroides ovatus	Eubacterium aerofaciens	Bifidobacterium breve	Clostridium tyrobutyricum
Bacteroides thetaiotaomicron	Eubacterium hallii	Bifidobacterium infantis	Clostridium orbiscindens
Bacteroides vulgatus	Eubacterium ramulus		

Nach 21 Stunden Simulation der Dickdarmpassage wurden sehr unterschiedliche Restkonzentrationen für die Mischkulturen der Gattungen Bifidobakterien, Bacteroides und Eubakterien ermittelt (Abbildung 25). Während im Kontrollansatz ohne Bakterien 56% der ursprünglich in dieser simulierten Passage eingesetzten Konzentration an Cyanidin-3-O-rutinosid wiedergefunden wurden, konnten bei Inkubation mit den unterschiedlichen Gattungen nur bedeutend geringere Restkonzentrationen nachgewiesen werden (Abbildung 25). Der Einsatz der Clostridien-Arten ergab eine Wiederfindung von 39%. Bei den Bifidobakterien wurden am Ende der Dickdarmsimulation 27% der eingesetzten Konzentration detektiert. Eine Inkubation des Anthocyans mit den jeweiligen Mischkulturen von Eubakterien bzw. Bacteroides ergab den höchsten Abbau von Cyanidin-3-O-rutinosid. Hier lagen die Restkonzentrationen nach der simulierten Dickdarmpassage jeweils unter 2%.

Ergebnisse

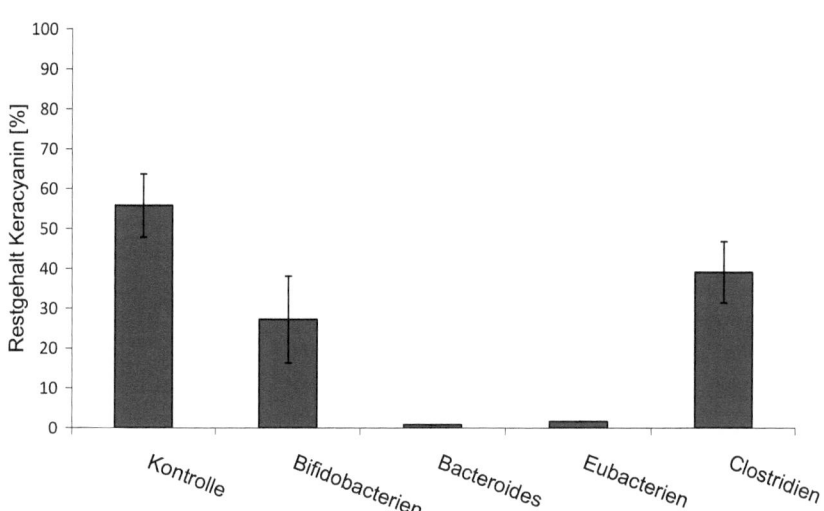

Abbildung 25: Vergleich der Konzentrationen an Cyanidin-3-O-rutinosid nach der Inkubation von Johannisbeersaft mit verschiedenen Bakteriengattungen in der simulierten Dickdarmpassage
aufsteigender Dickdarm (8h; pH 5,5; 37°C; anaerob) und absteigender Dickdarm (13h; pH 6,5; 37°C; anaerob) %-Angaben beziehen sich auf Ausgangskonzentration der Dickdarmpassage

4.5.4 Monomere und polymere Anthocyane und Ermittlung des antioxidativen Potentials von Johannisbeersaft im *in vitro* Modell

Da es schon bei der Umsetzung von reinen Cyanidin-3-rutinoside und den Anthocyanen aus dem Heißextrakt von Johannisbeertrester Hinweise auf die Entstehung von polymeren Anthocyanen gab, wurde auch für die Umsetzung von Johannisbeersaft der Verlauf an monomeren und polymeren Anthocyanen ermittelt. Grundlage der Methode ist eine Entfärbung von monomeren Anthocyanen nach Anlagerung von Disulfit. Polymere Anthocyane können dagegen nicht entfärbt werden, da sich Disulfit an diese nur schwer anlagern kann. Weiterhin wurde die mögliche Korrelation mit den Werten des antioxidativen Potentials mittels Photochemolumineszenz (Photochem® der Firma Analytik Jena) geprüft.

In der Magenpassage wurde keine Änderung von monomeren und polymeren Anthocyanen beobachtet (Abbildung 26). In den anschließenden Verdauungsstufen sanken die monomeren Anthocyane um 2/3 bei gleichzeitigem Anstieg der polymeren Anthocyane mit einer OD520nm von 0,3 zu Stunde 0 auf 0,7 zu Stunde 28 (Abbildung 26).

Ergebnisse

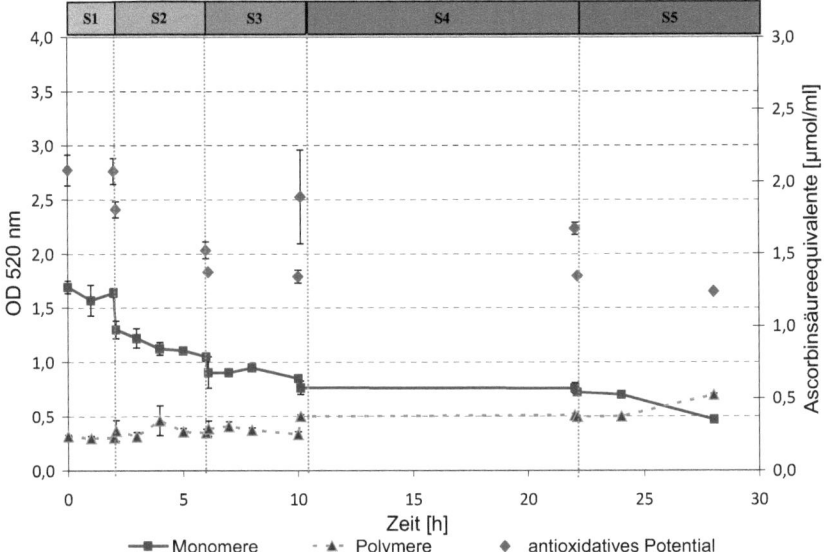

Abbildung 26: Antioxidatives Potential und Verlauf der OD bei 520 nm für monomere und polymere Anthocyane beim Einsatz von Johannisbeersaft im *in vitro* Verdauungsmodell
Magen (S1) (2h; pH 2,0; 37°C; anaerob), Duodenum (S2)(4h; pH 6,8; 37°C; anaerob), Ileum (S3) (4h; pH 6,5; 37°C; anaerob), aufsteigender Dickdarm (S4) (12h; pH 5,5; 37°C; anaerob) und absteigender Dickdarm (S5) (6h; pH 6,5; 37°C; anaerob)

Das antioxidative Potential zeigte keinen eindeutigen Trend. Keine Veränderung war während der Magenpassage festzustellen. Nach der Abnahme von 2 µmol/ml Ascorbinsäureäquivalenten (AscEq) auf 1,3 µmol/ml AscEq während der Dünndarmpassage erhöhte sich das Potential in der aufsteigenden Dickdarmpassage zunächst wieder auf 1,9 µmol/ml AscEq. Anschließend kam es wieder zu einer Abnahme des Potentials.

4.6 Umsetzung von vergorener Bierwürze

Nach dem Nachweis der Umsetzung von Anthocyanreinsubstanzen und kommerziell erhältlichem polyphenolreichem Johannisbeersaft sollte abschließend die Umsetzung der Anthocyane eines Produktes mit einer sehr umfangreichen und komplexen Matrix geprüft werden. Dazu wurde ein vom Institut entwickeltes funktionelles Getränk auf Basis von Bierwürze untersucht. Das Getränk wurde mit Johannisbeersaft versetzt und mittels eines patentierten Verfahrens mit definierten Mischkulturen fermentiert (Bader 2008). Die vergorene Bierwürze mit Johannisbeersaft wurde im *in vitro* Modell eingesetzt und die Konzentration der Anthocyane über die verschiedenen Verdauungsstufen verfolgt. Die Quantifizierung der Anthocyane erfolgte in der Abteilung Spezialanalytik der VLB Berlin durch D. Schütt.

4.6.1 Zusammensetzung

Neben den Polyphenolen enthielt das Getränk vielfältige Stoffwechselprodukte aus dem Fermentationsverfahren. Diese wurden mittels HPLC analysiert (Tabelle 13).

Tabelle 13: HPLC-Analyse von vergorener Bierwürze mit Johannisbeersaft

organische Säuren	Konzentration [g/l]	Zucker	Konzentration [g/l]
Gluconsäure	2,3	Maltose	67,6
Milchsäure	2,7	Glucose	5,5
Essigsäure	0,8	Fructose	6,3

Aus der Stickstoffbestimmung nach Dumas ergab sich ein Proteingehalt von 540 mg/l. Der Gesamtphenolgehalt betrug 613 µg/ml Gallussäureäquivalente (GAE).

4.6.2 Anthocyankonzentration

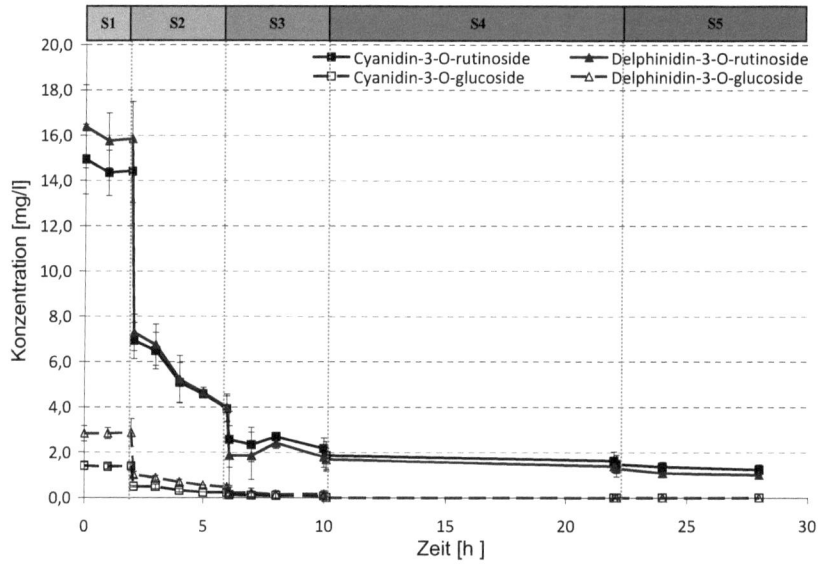

Abbildung 27: Anthocyankonzentrationen vom Gärgetränk während der Simulierung im *in vitro* Verdauungsmodell
Magen (2h; pH 2,0; 37°C; anaerob), Duodenum (4h; pH 6,8; 37°C; anaerob), Ileum (4h; pH 6,5; 37°C; anaerob), aufsteigender Dickdarm (12h; pH 5,5; 37°C; anaerob) und absteigender Dickdarm (6h; pH 6,5; 37°C; anaerob)

Die Konzentration aller 4 Anthocyane zeigte innerhalb der 2stündigen Magenpassage keine Änderung (Abbildung 27). Mit 15 und 16 mg/l zeigten sich die größten Anteile erneut bei den Anthocyan-rutinosiden. Cyanidin- und Delphinidin-3-O-glucosid wurden in Konzentrationen unter 5 mg/l detektiert. Mit dem Übergang von Magen zu Dünndarmpassage halbierten sich die Konzentrationen aller 4 Anthocyane. Die Konzentration von Cyanidin-3-O-rutinosid sank anschließend während der Dünndarmsimulation von 8 mg/l auf 2 mg/l. Der Verlauf von Delphinidin-3-O-rutinosid verlief vergleichbar. Eine weitere Abnahme auf 1,5 mg/ml konnte in der

Dickdarmpassage nachgewiesen werden. Delphinidin-3-O-rutinosid und Cyanidin-3-O-rutinosid waren dagegen schon zu Ende der Dünndarmpassage zu Stunde 10 nicht mehr detektierbar.

4.6.3 Monomere und polymere Anthocyane und Ermittlung des antioxidativen Potentials von vergorener Bierwürze im *in vitro* Modell

Wie bei den anderen eingesetzten Produkten sollten die monomeren und polymeren Anthocyane über mehrere Verdauungsschritte verfolgt werden. Weiterhin wurde zu den entsprechenden Probennahmezeitpunkten das antioxidative Potential ermittelt.

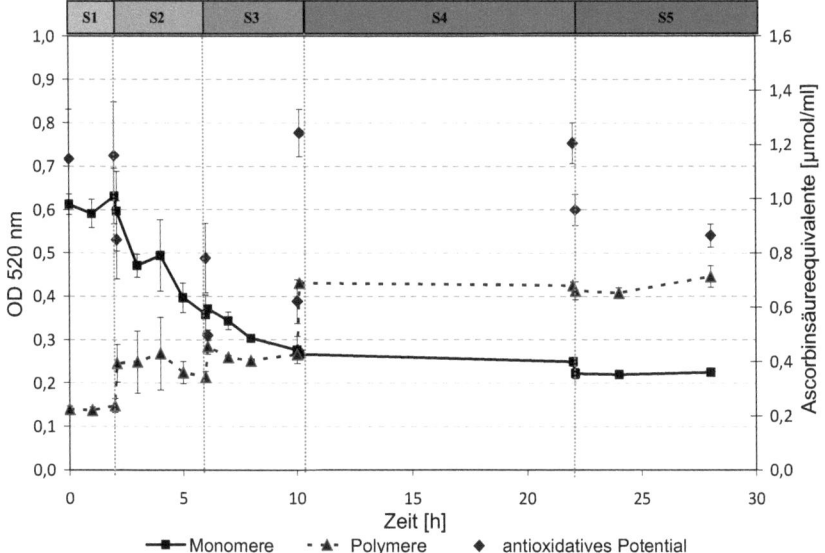

Abbildung 28: Antioxidatives Potential und Verlauf der OD bei 520 nm für monomere und polymere Anthocyane beim Einsatz von Gärgetränk im *in vitro* Verdauungsmodell
Magen (2h; pH 2,0; 37°C; anaerob), Duodenum (4h; pH 6,8; 37°C; anaerob), Ileum (4h; pH 6,5; 37°C; anaerob), aufsteigender Dickdarm (12h; pH 5,5; 37°C; anaerob) und absteigender Dickdarm (6h; pH 6,5; 37°C; anaerob)

Entsprechend der beobachteten Stabilität der Anthocyane in der Magenpassage (Abbildung 27) war keine Änderung bei der Bestimmung der monomeren und polymeren Strukturen der Anthocyane zu detektieren (Abbildung 28). Mit der Inkubation in Dünn- und Dickdarmpassage sank der Anteil der Monomere von einer OD_{520nm} von 0,6 auf eine OD_{520nm} von 0,2. Im selben Zeitraum konnte eine proportionale Zunahme an polymeren Anthocyanen festgestellt werden. Die Messung des antioxidativen Potentials ergab in der Magenpassage stabile Werte, während in der Dünndarmpassage eine Abnahme um 0,8 µmol/ml Ascorbinsäureäquivalente (AscEq) festzustellen war. Mit Übergang in die aufsteigende Dickdarmpassage kam es zu einer Erhöhung zurück auf das

Ergebnisse

Ausgangsniveau von 1,2 µmol/ml AscEq. In der absteigenden Dickdarmpassage sank es auf 0,9 µmol/ml AscEq bis Ende der Versuche zu Stunde 28.

4.7 Vergleich der Resorptionsverfügbarkeit

Wie in den letzten Kapiteln dargestellt, wurden die Konzentrationen der einzelnen Anthocyane aus den polyphenolreichen Produkten über mehrere Verdauungsstufen verfolgt. Zur besseren Vergleichbarkeit der Resorptionsverfügbarkeit der einzelnen Produkte wurden die prozentualen Restkonzentrationen beispielhaft für Cyanidin-3-O-rutinosid bis zum Ende der enzymatischen Dünndarmstufe ermittelt. Den Restkonzentrationen wurde der jeweilige Proteingehalt im Ursprungsprodukt gegenübergestellt.

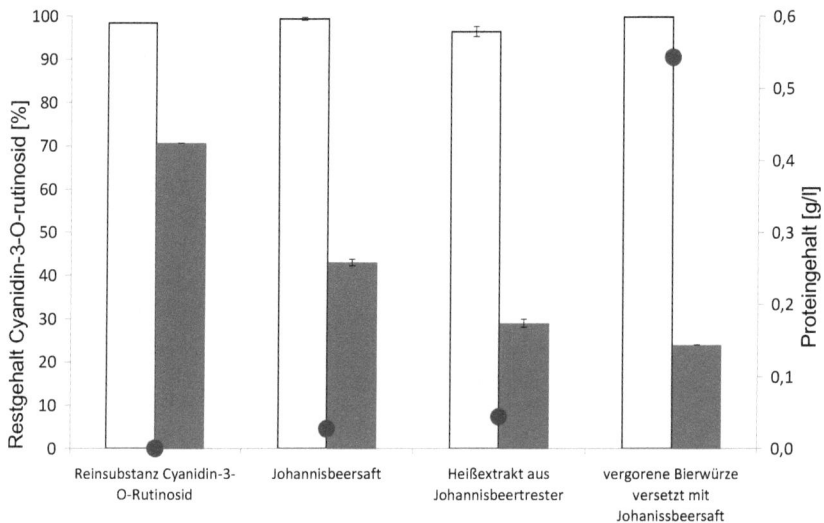

Abbildung 29: Vergleich der Restgehalte an Cyanidin-3-O-rutinosid nach verschiedenen Verdauungsstufen und Ausgangsproteingehalte der Produkte

Unabhängig vom eingesetzten phenolreichen Produkt war in der Magenpassage eine Stabilität von Cyanidin-3-O-rutinosid festzustellen (Abbildung 29). In allen Versuchen wurden nach der Inkubation der Anthocyane in synthetischem Magensaft keine Verluste nachgewiesen. Dagegen zeigen sich nach der enzymatischen Dünndarmpassage deutliche Unterschiede in der Wiederfindungsrate. Während von reinem Cyanidin-3-O-rutinosid noch 70% der ursprünglichen Konzentration detektiert wurde, lag diese bei Johannisbeersaft bei 43%. Eine noch geringere Wiedefindungsrate zeigte sich bei Heißextrakt (29%) und vergorener Bierwürze (24%). Mit zunehmender Komplexität der ursprünglichen Probenmatrix, hier beispielhaft als Proteingehalt dargestellt, wurde eine geringere Wiederfindungsrate der Anthocyane nachgewiesen.

Ergebnisse

4.8 Einfluss auf Verdauungsenzyme

Durch zahlreiche wissenschaftliche Arbeiten konnte eine Wechselwirkung von Polyphenolen auf verschiedene Enzymsysteme aufgezeigt werden (McDougall et al., 2008). Dabei spielt die Interaktion mit Verdauungsenzymen eine wesentliche Rolle. Durch die mögliche von Polyphenolen hervorgerufene Hemmung der Enzyme wird ein Einsatz als natürlicher Pharmazeutikaersatz oder Therapieergänzung z.B. bei Diabetes oder Adipositas in Erwägung gezogen. Einige der im *in vitro* Modell untersuchten polyphenolreichen Substanzen wurden daher auf ihre Wirkung auf die Enzymaktivität von α-Amylase und Lipase geprüft.

4.8.1 Einfluss auf α-Amylase

In der Literatur wird der Einsatz der Polyphenole als natürliche Inhibitoren zur Regulierung der Blutzuckerkonzentration nach einer stärkehaltigen Mahlzeit und somit zur Vorbeugung des hyperglykämischen Effekts diskutiert (McDougall et al., 2005). Da der pharmazeutische Einsatz als Therapeutikum bei Diabetes Mellitus-Erkrankten eine sehr interessante Anwendung darstellt, wurde eine mögliche Wechselwirkung von Johannisbeersaft, Heißextrakt aus Johannisbeertrester und vergorener Bierwürze mit Johannisbeersaft auf die Aktivität der α-Amylase getestet. Dazu wurden die Proben mit bidest. Wasser verdünnt und zusammen mit einer Standardlösung von α-Amylase für 5 Minuten inkubiert. Die Endkonzentration von α-Amylase betrug in allen Ansätzen 0,5 g/l. Anschließend wurden die Proben im Mikrotiterplattenassay zur Amylasebestimmung eingesetzt. Die Aktivität einer reinen α-Amylaselösung in einer Konzentration von 0,5 g/l diente als Referenz. Zur Vergleichbarkeit der Ergebnisse wurden die ermittelten Amylaseaktivitäten auf die eingesetzten Gallussäureäquivalente (GAE) der jeweiligen Proben bezogen. Die GAE-Konzentration, die zu einer 50%igen Abnahme der Amylaseaktivität führt, stellt dabei den IC_{50}-Wert der jeweiligen Probe dar.

Ergebnisse

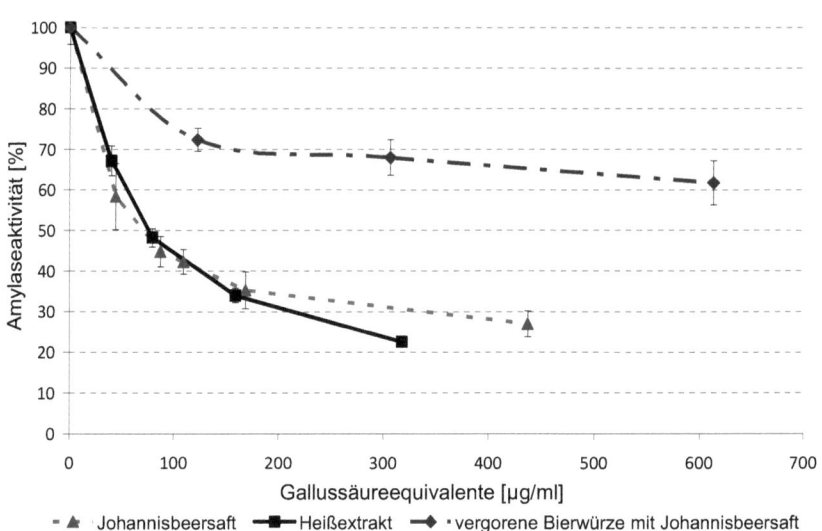

Abbildung 30: Aktivitätsbestimmung von α-Amylase in Bezug auf zugegebene Gallussäureäquivalente (GAE) von phenolreichen Substanzen

Durch Johannisbeersaft, Heißextrakt aus Johannisbeertrester und vergorener Bierwürze mit Johannisbeersaft wurde eine nachweisbare Abnahme der entsprechenden α-Amylase- aktivität ermittelt (Abbildung 30). Je höher die Konzentration der Polyphenole, gemessen als Gallussäureäquivalente (GAE) der jeweiligen Proben, desto stärker wurde die Amylase dabei im Assay inhibiert. Der höchste Einfluss wurde mit einem IC50 von 80 µg/ml GAE bei Johannisbeersaft und Heißextrakt aus Johannisbeertrester ermittelt. Beim Einsatz der vergorenen Bierwürze mit Johannisbeersaft in einer vergleichbaren GAE-Konzentration konnte dagegen nur eine 20%ige Abnahme festgestellt werden. Ein IC50-Wert konnte bei der vergorenen Bierwürze nicht ermittelt werden, da die Kurve sehr flach abnahm und der maximale Eintrag an Polyphenolen im Messsystem erreicht war.

4.8.2 Einfluss auf Lipase

Neben den Auswirkungen auf die α-Amylase wurde ebenfalls eine mögliche Wirkung von Johannisbeersaft, Heißextrakt aus Johanissbeertrester und vergorener Bierwürze mit Johannisbeersaft sowie weiteren phenolischen Reinsubstanzen auf die Lipaseaktivität geprüft. Dazu wurden die Proben jeweils in bidest. Wasser verdünnt und mit Lipase in einer Endkonzentration von 5 g/l für 15 Minuten bei 37°C inkubiert. Anschließend wurden die Proben im Mikrotiterplattenassay zur Lipasebestimmung nach Choi et al. (2003) eingesetzt. Als Referenz diente die Aktivität einer reinen Lipaselösung in einer Konzentration von 5 g/l.

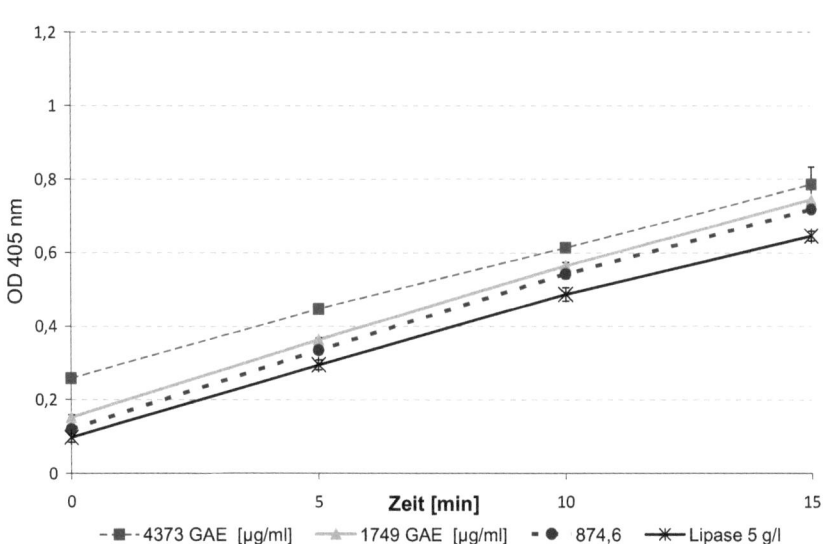

Abbildung 31: Aktivitätsbestimmung von Lipase bei Zugabe von vergorener Bierwürze mit Johannisbeersaft

Beispielhaft ist in Abbildung 31 die Messung der Enzymaktivität für vergorene Bierwürze mit Johanisbeersaft dargestellt. Die Bestimmung der Lipase war im Bereich von 15 Minuten durch einen linearen Anstieg im Verlauf der optischen Dichte charakterisiert. Die Zugabe der phenolreichen Substanzen zeigte durch die Farbeigenschaften in Abhängigkeit von der eingesetzten GAE-Konzentration lediglich eine Parallelverschiebung im Verlauf der optischen Dichte zu Beginn der Messung und im weiteren Verlauf der Messung. Eine Änderung im Anstieg und somit der Lipaseaktivität konnte durch keine der eingesetzten Substanzen festgestellt werden.

4.9 Industrielle Anwendung

Nach der Vorstellung des *in vitro* Verdauungsmodells auf verschiedenen nationalen und internationalen Konferenzen ergab sich die Möglichkeit, das *in vitro* Verdauungsmodell in Kooperation mit einem großen Industrieunternehmen auch für die Anwendung industrieller Fragestellungen einzusetzen. Die AlzChem AG produziert das bei Athleten sehr beliebte Nahrungsergänzungsmittel Kreatinmonohydrat Creapure®. Neben den bekannten Wirkungen zur Steigerung der fettfreien Muskelmasse und der wesentlichen Rolle bei der Energiebereitstellung im Körper sind verschiedene Kreatinderivate auch in den Mittelpunkt der Wissenschaft für die Anwendung bei neurodegenerativen Störungen und Myopathien, also Muskelerkrankungen geraten (Beal 2011, Harris 2011, Klopstock et al. 2011). Für die oftmals versprochene bessere Stabilität dieser Derivate unter physiologischen

Ergebnisse

Bedingungen nach der oralen Aufnahme liegen jedoch nur unzureichende Daten vor. Daher wurden verschiedene Kreatinderivate auf ihre Stabilität unter simulierten Verdauungsbedingungen geprüft.

4.9.1 Voruntersuchungen

In Voruntersuchungen wurde zunächst die Verwendung der kommerziell erhältlichen Derivate in Form von Kapseln im *in vitro* Verdauungsmodell und das Auflösen der Kapselhüllen im Magensaft getestet. Ein erster Versuch im Schüttelkolben zeigte ein Aufschwimmen der Kapseln auf dem synthetischem Magensaft und nicht reproduzierbare Auflösezeiten der Kapselhüllen. Da während der Verdauung im Magen die Kapseln eher vollkommen von Magensaft umgeben sind, wurde in einem zweiten Ansatz die Kapsel in ein vollkommen mit Magensaft gefülltes Glasgefäß eingebracht. Es erfolgte eine Inkubation bei 37°C im Hybridisierungsofen (Biometra Compact Line OV4) bei leichter Rotation der Vials.

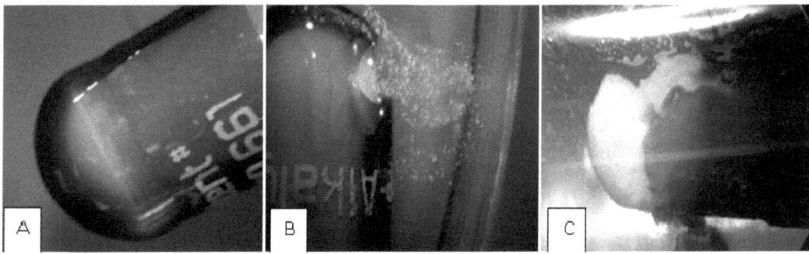

Abbildung 32: Verfolgung der Auflösung der Kapselhülle eines Kreatinderivates in synthetischem Magensaft
(A: 0min, B: 1 min, C: 5 min)

Alle Kapselhüllen lösten sich unter diesen Bedingungen innerhalb von 10 Minuten vollständig auf (Abbildung 32). Aufgrund der kurzen Auflösezeit der Kapselhüllen und einer möglichen unrealistischen Simulation der Magenpassage durch das Aufschwimmen der Kapseln wurde in allen Verdauungsversuchen der reine Kapselinhalt der Derivate zur Herstellung einer möglichst homogenen Suspension mit Wasser verwendet und diese im *in vitro* Verdauungsmodell eingesetzt. Die verschiedenen Derivate wurden nach der Einnahmeempfehlung der Hersteller eingesetzt. Die entsprechenden Mengen wurden entweder direkt eingewogen oder der jeweilige Kapselinhalt verwendet. Alle Substanzen wurden in 250 bzw. 300 ml lauwarmem Leitungswasser suspendiert und zeitnah im *in vitro* Verdauungsmodell eingesetzt.

Da die Stabilität von Kreatin abhängig vom pH-Wert ist, wurde von allen Derivaten der pH-Wert nach Lösen in Leitungswasser ermittelt und die Änderung beim Einsatz in der simulierten Magenpassage verfolgt (Tabelle 14).

Ergebnisse

Tabelle 14: Ermittelte pH-Werte der Derivatsuspensionen und Ansätze in der simulierten Magenpassage

Derivat	pH der Suspension	pH nach Einbringen in Magensaft
Creatine monohydrate (Creapure®, AlzChem, Trostberg, Germany)	7.4	2.2
Creatine citrate (AlzChem, Trostberg, Germany)	3.3	3.2
Creatine pyruvate (AlzChem, Trostberg, Germany)	2.6	2.1
Creatine Colloidal (Ocean Pharma, Reinbek, Germany)	7.5	2.2
Creatine α-ketoglutarate (Creatin AKG, Peak Performance Products, Grevenmacher, Luxemburg)	3.1	2.0
Creatine monohydrate (Kre-Alkalyn®, All American Pharmaceutical, Billings, USA)	8.1	2.0
Creatine monohydrate (Kre-Alkalyn® PRO, All American Pharmaceutical, Billings, USA)	8.3	2.2
Creatine-magnesium-chelate (Creatine MagnaPower®, Olimp Laboratories, Dębica, Poland)	9.6	2.1
Creatine hydrochloride (Tested Creatine, Tested Nutrition, Quebec, Canada)	2.4	2.0
Creatine ethyl ester HCl (Creatine Ethyl Ester, Ultimate Nutrition, Farmington, USA)[a]	4.9	2.0

Der pH-Wert der wässrigen Suspensionen variierte je nach Kreatinderivat von sauer (Kreatin HCl, Kreatinpyruvat), über neutral (kolloidales Kreatin, Kreatin Monohydrat) bis hin zu basisch (KreAlkalyn, Kreatin-Magnesium-Chelat) (Tabelle 14). Nach Einbringen der Suspensionen in den Magensaft wurde in den Ansätzen ein saurer pH-Wert von 2,0 bis 2,2 ermittelt. Ausnahme bildete Kreatincitrat mit einem pH-Wert von 3,2. Eine wesentliche Pufferkapazität durch die Derivate wurde nicht nachgewiesen. Alle Ansätze in der simulierten Magenpassage wurden dementsprechend einheitlich auf pH 2,0 eingestellt, um einheitliche Bedingungen des leeren Magens darzustellen.

4.9.2 Stabilität verschiedener Kreatinderivate

Die Derivate wurden anschließend im *in vitro* Verdauungsmodell eingesetzt und die Stabilität bis zur bakteriellen Dünndarmstufe des Jejunums/Ileums verfolgt. Die zu untersuchenden Proben wurden nach Herstellen einer homogenen Suspension in Leitungswasser im *in vitro* Modell unter simulierten Magenbedingungen (pH 2,0; 37°C; anaerob) mit synthetischem Magensaft versetzt und für 2 Stunden inkubiert. Nach der Magenpassage wurde synthetischer Doudenalsaft zugeführt und durch das enthaltene Natriumcarbonat der pH-Wert neutralisiert. Unter den simulierten

Ergebnisse

physiologischen Bedingungen dieser Passage (pH 6,8; 37°C; anaerob) wurden die Proben für 3 Stunden inkubiert. Die Proben wurden nach den enzymatischen Stufen von Magen und Dünndarm mit einer Mischung aus typischen Vertretern von Darmbakterien versetzt und für 3 Stunden inkubiert (pH 6,7; 37°C; anaerob). Zum Vergleich wurden Parallelansätze ohne Verdauungsenzyme bzw. ohne Bakterien unter sonst identischen Bedingungen mitgeführt.

Zur besseren Vergleichbarkeit der Konzentrationsverläufe während der Verdauungssimulation wurde das Verhältnis von Kreatinin zu eingesetzter Kreatinmenge der jeweiligen Derivate gebildet (Crn/Cr) (Abbildung 33).

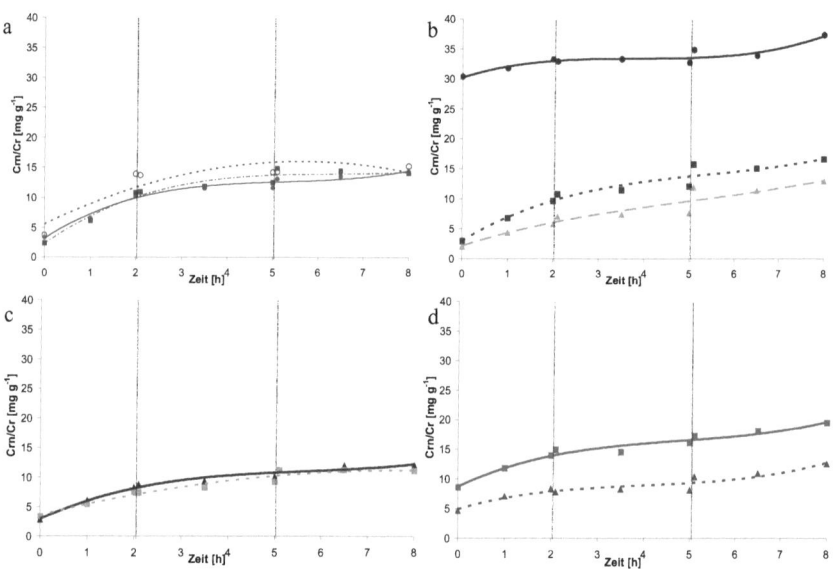

Abbildung 33: Verhältnis von Kreatinin zu eingesetzter Kreatinmenge verschiedener Kreatinderivate über mehrere Verdauungsstufen
a: kolloidales Kreatin (durchgezogene Linie, gefüllter Kreis), Kreatin-Monohydrate (unterbrochene Linie, Viereck), Kontrollansatz kolloidales Kreatin (gepunktete Linie, ungefüllter Kreis);
b: Kreatinzitrat (gepunktete Linie, Viereck) Kreatinpyruvat (unterbrochene Linie, Dreieck), KreatinHCl (durchgezogene Linie, gefüllter Kreis);
c: Kre-Alkalyn Pro (durchgezogene Linie, Dreieck) Kre-Alkalyn (gepunktete Linie, Dreieck);
d: Kreatin-Magnesium-Chelate (durchgezogene Linie, Viereck), Kreatin α-ketoglutarate (gepunktete Linie, Dreieck)
Magen (2h; pH 2,0; 37°C; anaerob), Duodenum (3h; pH 6,8; 37°C; anaerob), Ileum (3h; pH 6,7; 37°C; anaerob),

Die Verhältnisse von Kreatinin zu eingesetzter Kreatinmenge der Kreatinderivate (Crn/Cr) zeigten zu Beginn der Verdauungssimulation nur leichte Unterschiede. Im Allgemeinen lagen alle Werte zwischen 2-10 mg/g. Auch in den anschließenden Verdauungsschritten verläuft das Verhältnis zwischen Kreatinin zu Kreatin bei allen Derivaten vergleichbar. Während der 2stündigen Magenpassage kam es im Durchschnitt zu einem leichten Anstieg von Crn/Cr von 10 mg/g. Sowohl in der

Ergebnisse

anschließenden enzymatischen als auch in der mikrobiologischen Dünndarmstufe blieben die Konzentrationen annähernd stabil. Während der 5stündigen Inkubation beider Dünndarmstufen war lediglich ein geringfügiger Anstieg um 3 mg/g zu beobachten. Bei Kreatin HCl wird bereits zu Beginn ein höherer Ausgangswert von 30 mg Kreatinin je g Kreatin festgestellt, insgesamt erscheint die Kreatinin-Zunahme hier aber geringer als bei den anderen Derivaten. Für alle Derivate wurde eine gesamte Kreatin-Abnahme von weniger als 3% innerhalb der Verdauungssimulation nachgewiesen. Die Kontrollansätze ohne Enzyme und Bakterien zeigten vergleichbare Ergebnisse. In Abbildung 33a ist beispielhaft die Kontrolle für Kreatinmonohydrat abgebildet. Zusammenfassend konnte bei 9 von 10 Kreatinderivaten kein wesentlicher Stabilitätsunterschied zwischen den verschiedenen Verbindungen festgestellt werden. Beim Kreatinethylester wurde schon zu Beginn des Versuches lediglich Kreatinin nachgewiesen (nicht dargestellt). Aussagen zur Stabilität von Kreatinethylester während der Verdauungssimulation waren somit nicht möglich.

5 Diskussion

In der vorliegenden Arbeit wurden grundlegende Mechanismen bei der Umsetzung von ausgewählten Lebensmittelinhaltsstoffen in einem *in vitro* Verdauungsmodell geprüft. Dabei erfolgte die Nachstellung wichtiger physiologischer Parameter der verknüpften Verdauungsabschnitte (Magen, Duodenum, Ileum, aufsteigender Dickdarm, absteigender Dickdarm) unter kontrollierten und definierten Bedingungen. Das Hauptaugenmerk der Untersuchungen lag auf der Untersuchung der Stabilität bzw. Umsetzung von Polyphenolen während der simulierten Verdauung. Neben Aussagen zu charakteristischen Abbaureaktionen wurden auch Polymerisierungen und Wechselwirkungen mit Proteinen, sowie die Auswirkung der verschiedenen Bedingungen der Verdauungsstufen auf das antioxidative Potential der Substanzen berücksichtigt.

5.1 Umsetzung von organischen Säuren

Kameue und Mitarbeiter (2004) wiesen nach der oralen Verabreichung von Gluconsäure in Ratten eine erhöhte Bildung von Butyrat im Darm nach. In dem in dieser Arbeit beschriebenen *in vitro* Verdauungsmodell konnte die Metabolisierung von Gluconsäure über die Bildung von Milchsäure und weiter zu Butyrat über verschiedene Verdauungsstufen nachvollzogen werden. Einhergehend mit der Kultivierung von *Lactobacillus reuteri* in der simulierten Dünndarmstufe wurde Gluconsäure zu Milchsäure und Essigsäure umgesetzt (Abbildung 6). In der darauf folgenden simulierten Stufe des aufsteigenden Dickdarms wurde die entstandene Milchsäure durch *Megasphaera elsdenii* innerhalb von 6 Stunden komplett verstoffwechselt. Als hauptsächliches Metabolit wurde Propionat identifiziert (Abbildung 7). In geringeren Anteilen wurden Butyrat und Acetat gebildet. Die Ergebnisse entsprechen weitestgehend den Ergebnissen anderer Forschungsgruppen und belegen eine gute Anwendbarkeit des entwickelten Models zur Identifizierung von mikrobiellen Stoffwechselleistungen. Eine Förderung der Milchsäureproduktion durch Zusatz von Gluconsäure in der Nahrung und die weitere Verstoffwechselung der entstehenden Milchsäure zu Butyrat wurde unter anderem von Tsukahara et al. (2002 und 2006) nachgewiesen. Dabei wurde *Megasphaera elsdenii* als Hauptverbraucher von Lactat im Darm erkannt (Counotte et al. 1981) und spielt so eine große Rolle in der Säureregulation des Darmes (Kung und Hession 1995). 60-80% des im Darm vorhandenen Lactats können von *Megasphaera* innerhalb kürzester Zeit zu Acetat, Propionat und Butyrat metabolisiert werden (Hashizume et al. 2003). Propionat wird dabei zu über 50% über den Acrylat-Stoffwechselweg direkt aus Lactat über die Zwischenstufe des Acrylats gebildet. Durch *in vitro* Fermentationen wurde eine Abhängigkeit zwischen den Verhältnissen der gebildeten Metabolite und vielfältigen Parametern, wie pH-Wert in der Fermentation und Kulturführung (batch, steady state), nachgewiesen (Prabhu et al.

Diskussion

2012). Die Verhältnisse der Metabolite bei einem vergleichbaren pH-Wert von 5,2 der simulierten Dickdarmstufe stimmen dabei mit den Literaturangaben im Wesentlichen überein (Hashizume et al. 2003). Propionat wurde ebenfalls als Hauptmetabolit identifiziert. Butyrat und Acetat lagen aber zu ungefähr gleichen Anteilen vor. Dabei muss jedoch beachtet werden, dass die Arbeitsgruppe um Hashizume und Mitarbeiter (2003) ebenfalls Valeriansäure analysierten und diese Konzentrationen bei den prozentualen Verhältnissen mit einberechnet wurden. Dies war in der vorliegenden Arbeit nicht der Fall.

5.2 Umsetzung der Polyphenole

In vitro Modelle stellen für die Untersuchungen der Stabilität und mikrobiellen Umsetzung von Polyphenolen eine sinnvolle Ergänzung zu *in vivo* Methoden dar (van Duynhoven et al. 2011). Viele andere bekannte Modelle betrachten jedoch entweder nur enzymatische Verdauungsstufen mit Hilfe synthetischer Verdauungssäfte oder aber nur die Metabolisierung durch Inkubation der Polyphenole mit komplexen, teilweise nicht exakt charakterisierten und undefinierten Faeceskulturen. In dieser Arbeit wurden sowohl die enzymatischen als auch die bakteriellen Beeinflussungen in einem stufenweisen und hintereinandergeschalteten Verdauungsmodell mit definierten Bakterienkulturen kombiniert. In den folgenden Kapiteln werden die ermittelten Ergebnisse zur Umsetzung der Polyphenole näher diskutiert.

Anthocyane

Das Cyanidin-3-O-rutinosid als Reinsubstanz sowie die Anthocyane aus den phenolischen Produkten Heißextrakt aus Johannisbeertrester, Johannisbeersaft und vergorener Bierwürze kombiniert mit Johannisbeersaft erwiesen sich in der simulierten Magenpassage als durchgehend stabil (Abbildung 8). Nach der Inkubation in synthetischem Magensaft für mindestens 2 Stunden war in allen Fällen eine fast 100%ige Wiederfindung der Anthocyankonzentration nachzuweisen. Da in dieser Verdauungsstufe mit einem pH-Wert von 2,0 saure Bedingungen vorherrschten, lagen die Anthocyane in der stabilen Form des Flavyliumkations vor. Die in dieser Arbeit ermittelte Stabilität der Anthocyane in der Magenpassage wird von Ergebnissen anderer Arbeitsgruppen gestützt. Dabei kamen entweder angesäuerte Phosphatpuffer (Kay et al. 2009) oder synthetische Magensäfte (Pérez-Vicente et al. 2002, Uzunović und Vranić 2008, Woodward et al. 2011, Stalmach et al. 2012b) zum Einsatz. Bei Versuchen an Ratten wurde ebenfalls die Stabilität im Magen *in vivo* nachgewiesen (Talavéra et al. 2005). Die in der vorliegenden Arbeit eingestellten sauren pH-Bedingungen simulieren den nüchternen Zustand des Magens und betrachten nur die Zufuhr der ohnehin sauren phenolischen Produkte aus Johannisbeere. Je nach Pufferwirkung weiterer aufgenommener Nahrung kann sich der pH-Wert im Magen aber kurzfristig erhöhen und die Stabilität der

Diskussion

Anthocyane somit beeinträchtigen. In diesem Fall wäre eine entsprechende Anpassung der Paramater des *in vitro* Modells sinnvoll und einfach zu realisieren. Im Vergleich zu der aufgezeigten Stabilität der Anthocyane in der Magenpassage wurden bei den entsprechenden Aglyconen Cyanidin und Delphinidin schon erhebliche Umsetzungs-prozesse in dieser Passage aufgezeigt (Abbildung 10). Nur etwa 1/3 der ursprünglich eingesetzten Konzentration der Aglykone konnten nach der Inkubation in synthetischem Magensaft wiedergefunden werden. Auch wenn der Zeitraum mit 4 Stunden für die Transitzeit in der Magenpassage in diesem Versuch sehr hoch gewählt wurde, sind aus der Literatur vergleichbare schnelle Abbauraten für die Aglycone der Anthocyane bekannt. Die von Woodward et al. (2011) ermittelte Abbaurate von etwa 50% der ursprünglich eingesetzten Konzentration je Stunde stimmt mit den Daten in der ersten Stunde der Simulierung im *in vitro* Modell überein. Anschließend wird eine langsamere Abbaurate sichtbar. Gleichzeitig mit der Abnahme wurde die Entstehung der bekannten Abbauprodukte Phloroglucinolaldehyd (PGA) aus dem A-Ring der Anthocyanstruktur und der jeweiligen entsprechenden Benzoesäure aus dem B-Ring identifiziert (Abbildung 11, Abbildung 12). Die Konzentrationen der Metabolite entsprechen jedoch nicht den zu erwartenden stöchiometrischen Verhältnissen der Stoffbilanz. Sie erklären in der vorliegenden Arbeit somit nur einen Bruchteil der Reaktions- und Abbaumechanismen dieser Substanzen. Während Kay und Mitarbeiter (2009) Konzentrationen von Phloroglucinolaldehyd und Protocatechusäure äquivalent zum Verlust von Cyanidin nachweisen konnten, werden die Entstehung und ermittelten Verhältnisse der Abbauprodukte von Anthocyanen und deren Aglyconen in der Literatur, vor allem bei *in vivo* Studien, noch vielfältig diskutiert. Während einige Forschergruppen Protocatechusäure als Hauptmetabolit identifizierten (Vitaglione et al. 2007, Azzini et al. 2010), halten andere Gruppen die bisher postulierten Abbauwege für untergeordnet und gehen von einem Großteil bisher nicht identifizierter Metabolite aus (Ichiyanagi et al. 2007, Nurmi et al. 2009). Diese These wird durch die geringe Konzentration an identifizierten Abbauprodukten in der vorliegenden Arbeit gestützt. Auch in der Schwierigkeit der Analytik und Aufarbeitung der Anthocyane können Erklärungen für die geringen Konzentrationen an Ausgangssubstanzen und Metaboliten sein. Ein in dieser Arbeit beobachteter Niederschlag konnte aufgearbeitet und daraus nachweislich Cyanidin bzw. Delphinidin herausgelöst werden. Es ist aber nicht auszuschließen, dass sich die verbleibenden Differenzen auch aus Verlusten und Reaktionen bei der Probenvorbereitung und Analyse ergeben. Interessanterweise scheinen offenbar auch weitere Inhaltsstoffe wie Salze, die in der Probe enthalten sind, einen Einfluss auf die Stabilität und den Nachweis der Metabolite zu haben. So wurde von Woodward und Mitarbeitern (2009) bei identischen pH-Bedingungen eine höhere Stabilität von Cyanidin-3-O-rutinosid in Wasser als in einem physiologischen Puffersystem nachgewiesen. Die in Wasser identifizierten Abbauprodukte konnten zudem zu einem höheren Anteil am Verlust der Aglycone zugeordnet werden (Woodward et al. 2009).

Mit der Zufuhr des synthetischen Duodenalsaftes und der damit verbundenen Erhöhung des pH-Wertes in der Dünndarmstufe erfolgt anschließend eine rasche, nahezu vollständige Umsetzung der Restkonzentration von Cyanidin und Delphinidin (Abbildung 10). Dabei zeigte sich im Laufe der Zeit auch eine Abnahme der Metabolite PGA und der jeweiligen Benzoesäure. Diese Abnahme steht im Widerspruch zu bisherigen Literaturangaben, die eine Stabilität der Abbauprodukte nachweisen (Kay et al. 2009). Möglicherweise kam es zu weiteren bisher nicht identifizierten Abbaureaktionen oder anderen Wechselwirkungen mit anderen Substanzen der Probe. So fanden sich in der vorliegenden Arbeit durch LC-MS-Analysen Hinweise, dass neben den in der Literatur schon gut beschriebenen Zerfallsprozessen von Cyanidin und Delphinidin auch weitere Reaktionen wie Polymerisierungen ablaufen. Die vollständige Analyse und Identifizierung der Produkte aus den Zusammenlagerungen konnte im Rahmen dieser Arbeit nicht endgültig abgeschlossen werden. Möglicherweise handelt es sich dabei neben Dimerisierungen von Delphinidin und Cyanidin jedoch auch um Zusammenlagerungen der Aglycone mit den schon gebildeten Produkten PGA bzw. der Benzoesäuren. Die Möglichkeit der Dimerisierungen von Anthocyan-Aglyconen in Medium mit neutralem pH-Wert wies ebenfalls die Arbeitsgruppe um Fleschhut et al. (2006) nach. Bisher finden sich jedoch noch wenige Hinweise in der Literatur auf Zusammenlagerungen von Polyphenolen während Verdauungsprozessen. Einen Grund stellt unter anderem die Komplexität vieler anderer Modelle dar, in denen viele Effekte wie Polymerisierungen schwer zu analysieren sind oder maskiert werden. Dies unterstreicht die Notwendigkeit von definierten und kontrollierten Bedingungen, die mit Hilfe des in dieser Arbeit verwendeten Modells ermöglicht werden konnten.

Neben den Aglyconen mit dem rapiden Zerfall im neutralen pH-Milieu zeigte sich auch beim Einsatz von Cyanidin-3-O-rutinosid als Einzelsubstanz ein 30%iger Abbau während der enzymatischen Dünndarmpassage. Diese Umsetzung ist im Einklang mit schon bekannten Angaben anderer Wissenschaftler (Woodward et al. 2009, Woodward et al. 2011). Dabei werden hauptsächlich durch Temperatur und pH-Wert verursachte physiokochemische Zerfallsprozesse postuliert. Dies bestätigen auch die in der Arbeit mitgeführten Ansätze ohne Verdauungsenzyme, in der vergleichbare Abbauraten der Anthocyane in den enzymatischen Verdauungsstufen ermittelt wurden (Tabelle 9). Im Gegensatz dazu schlussfolgern Uzunović und Vranić (2008) aus ihren Ergebnissen keine Abnahme der Anthocyane in simuliertem Dünndarmsaft sondern lediglich eine Beeinflussung der Stabilität durch den Zusatz von Pankreatin.

Die Ermittlung der Wiederfindungsrate von Cyanidin-3-O-rutinosid der verschiedenen polyphenolreichen Produkte ergab eine Korrelation zur Komplexität der Lebensmittelmatrix, in der die Anthocyane enthalten sind. Je komplexer und vielfältiger die weiteren enthaltenen Komponenten, vor allem Proteine, desto geringer

Diskussion

war die gefundene Restkonzentration am Ende der enzymatischen Dünndarmstufe. Die Ursachen werden in Kapitel 5.3 eingehend diskutiert. Dabei fiel in allen Versuchen vor allem die rapide Abnahme der Anthocyane vom Übergang der Magenstufe zur enzymatischen Dünndarmstufe auf. Dies wird auch in anderen Arbeiten beschrieben (Stalmach et al. 2012b). Aufgrund des pH-Wertes liegen die Anthocyane in der sehr reaktiven Form des Chinons vor. Es kann daher angenommen werden, dass innerhalb kürzester Zeit Abbau- und Umwandlungsprozesse sowie Polymerisierungen stattgefunden haben. Die Komplexität der eingesetzten Johannisbeerkomponenten erschwerte jedoch eine genaue Identifizierung von gebildeten Metaboliten der Anthocyane mittels der standardmäßig eingesetzten HPLC-Analyse. So sind nur Mutmaßungen über die Abbauprozesse möglich. Zur genaueren Aufklärung der Umsetzungsprodukte sind zukünftige LC-MS-Messungen geplant.

Bei allen Versuchen war nach der Simulierung der enzymatischen Verdauungsstufen jedoch noch mindestens 25% der ursprünglich eingesetzten Polyphenole vorhanden. Wie von einer Vielzahl von Veröffentlichungen postuliert, kann somit ein hoher Anteil an Polyphenolen intakt in den Dickdarm gelangen (Kahle et al. 2006). Dies belegt die Notwendigkeit der Verknüpfung zwischen enzymatischen Untersuchungen und der Erforschung der Metabolisierung der Polyphenole durch die Darmmikrobiota. Nach den enzymatischen Verdauungsschritten wurden daher in weiteren Stufen des *in vitro* Modells ebenso die bakteriellen Einflüsse auf die Anthocyane geprüft. Dabei zeigte sich sowohl in der Dünndarmstufe des Ileums als auch in den Dickdarmbereichen im Vergleich zu den Kontrollansätzen, die den physiokochemischen Zerfall und Wechselwirkungen mit Medienkomponenten abdecken, eine eindeutige mikrobielle Verstoffwechselung der Anthocyane (Abbildung 24, Abbildung 25). Eine intensive Metabolisierung war vor allem durch die definierten Mischkulturen von Bacteroides bzw. Eubacterium gegeben. *Bacteroides spec.* hydrolysieren durch ihre ß-Glucosidasen und α-Rhamnosidasen dabei vor allem die Zuckerreste der Anthocyane (Bokkenheuser et al. 1987). *Bacteroides thetaiotaomicron* und *Bacteroides ovatus* nehmen dabei eine besondere Position ein (Comstock und Coyne 2003, Tremaroli und Bäckhed 2012). So wurden für *Bacteroides thetaiotaomicron* 15 Polysaccharidlyasen zur Spaltung komplexer Kohlenhydrate und über 226 Glycosidhydrolasen gefunden (Bäckhed 2005). Durch Enzyme von Eubacterium-Stämmen kommt es dagegen zur Ringspaltung der Anthocyane (Schneider und Blaut 2000, Braune et al. 2001, Herles et al. 2004). Dies führt zur Entstehung des Phloroglucinolaldehyds und der entsprechenden Benzoesäure. Die ebenfalls in dieser Arbeit getesteten Mischkulturen von Bifidobakterien und Clostridien auf die Umsetzung der Anthocyane zeigten auch Abbauprozesse, jedoch in geringeren Umsetzungsraten. Bifidobakterien spalten dabei vor allem die Zuckerreste (Ávila et al. 2009), während *Clostridium orbiscindens* ebenfalls für die Effekte der Ringspaltung bekannt ist (Schoefer et al. 2003). Die

Diskussion

schnelle und intensive Metabolisierung von Anthocyanen durch Bakterien des menschlichen Dickdarms wurde in zahlreichen weiteren Studien belegt (Aura et al. 2005, Fleschhut et al. 2006, Kay et al. 2009, Hidalgo et al. 2012). Auch wenn in diesen Arbeiten dank neuester molekularbiologischer Methoden (z.b. next generation sequenzing) die Einflüsse der Polyphenole auf die Zellkonzentration einzelner Bakterienstämme geprüft werden können (Hidalgo et al. 2012), sind durch den Einsatz von komplexen Mischkulturen wie Faeceskulturen keine Aussagen zur metabolischen Aktivität einzelner Stämme möglich. Dazu bietet sich eher der Einsatz von einzelnen Stämmen oder definierten Mischkulturen an, wie sie in der vorliegenden Arbeit verwendet wurden.

Flavonole

Die im Verdauungsmodell eingesetzten Flavonole Quercetin-3,4'-diglucosid und Quercetin weisen eine hohe Stabilität in den enzymatischen Stufen des Magens und Dünndarms auf (Abbildung 13, Abbildung 14). Dies stimmt mit anderen Literaturangaben überein (Bermudéz-Soto et al. 2007, Kahle et al. 2011). Anschließend wurde, wie schon für die Anthocyane aufgezeigt und diskutiert, eine intensive mikrobielle Umsetzung der Substanzen sichtbar. Parallel zur Abnahme der Konzentration an Quercetin-3,4'-diglucosid wurden die durch Deglycosilierung entstandenen Abbauprodukte Quercetin-3-O-glucosid und Quercetin identifiziert. Die enzymatische Abspaltung der Zuckerreste von Polyphenolen ist vor allem durch Enterococcus (Scalbert und Williamson 2000), Bifidobakterien und Lactobacillen (Ávila et al. 2009) und Bacteroides (Bokkenheuser et al. 1987) bekannt. Entsprechende Stämme waren auch in den definierten Mischkulturen in den simulierten Dickdarmbereichen enthalten. Obwohl die Konzentration des Quercetindiglucosids bis zum Ende der Verdauungssimulation vollständig abnahm, konnten keine Produkte, die auf weitere bekannte Metabolisierungen wie Ringspaltung schließen lassen, identifiziert werden. Die Bildung von Quercetin wurde allerdings auch erst im letzten Abschnitt der 5stündigen Simulation des Dickdarms verzeichnet, so dass vermutet werden kann, dass zunächst vornehmlich die Hydrolysen der Zuckerreste abliefen. Eine längere Inkubation in dieser Passage hätte eventuell zur weiteren Metabolisierung geführt. Hinweise darauf ergeben sich auch durch den Einsatz von Quercetin im *in vitro* Modell. Hier wurde ebenfalls eine vollständige mikrobielle Umsetzung innerhalb der Dickdarmpassage festgestellt (Abbildung 14). Schon nach der Simulation des aufsteigenden Dickdarms war kein Quercetin mehr zu detektieren. Die in dieser Stufe unter anderem eingesetzten Stämme von *Eubacterium ramulus* und *Clostridium orbiscendens* sind gut auf ihre Eigenschaft der Ringöffnung von Polyphenolen beschrieben (Braune et al. 2001, Schoefer et al. 2003, Herles et al. 2004, Schoefer et al. 2004). Als Metabolite der Umsetzung von Quercetin durch Ringspaltung werden Phloroglucinol, Protocatechusäure und

Hydroxyphenylessigsäure postuliert (Buchner et al. 2006, Hein et al. 2008, Selma et al. 2009, Bergmann et al. 2010). Entsprechende Abbauprodukte konnten in der vorliegenden Arbeit nicht nachgewiesen werden. Mittels LC-MS-Analyse war es jedoch möglich, eine Struktur zu ermitteln, die für eine Zusammenlagerung dieser bekannten Metabolite spricht (
Abbildung 15).

Hydroxyzimtsäuren

Schon zu Beginn der Simulation der Magenpassage war die geringe Wiederfindungsrate von nur rund 20% der ursprünglich eingesetzten Konzentration aller eingesetzten Hydroxyzimtsäuren auffällig (Abbildung 16). Während der Inkubationszeit innerhalb dieser Passage kam es anschließend nur zu geringen Konzentrationsschwankungen. Bei der Untersuchung zur Stabilität von Kaffeesäure in synthetischem Magensaft wiesen Kahle und Mitarbeiter (2011) ebenfalls eine hohe Stabilität der Hydroxyzimtsäure über 4 Stunden auf. Allerdings entsprachen die Ausgangswerte auch den ursprünglich eingesetzten Konzentrationen. Es muss jedoch beachtet werden, dass der dabei verwendete synthetische Magensaft kein Mucin enthielt. Dieses Glycoprotein führte in der vorliegenden Arbeit scheinbar zu Wechselwirkungen mit den Hydroxyzimtsäuren (siehe Kapitel 5.4). Mit Übergang in die enzymatische Dünndarmstufe und der damit verbundenen pH-Erhöhung konnten rund 90% der ursprünglich eingesetzten Konzentration ermittelt werden. Während der Inkubation in der Dünndarmpassage selbst blieben die Substanzen annähernd stabil. Dies stimmt mit anderen Veröffentlichungen überein (Olthof et al. 2001, Bermúdez-Soto et al. 2007). In der anschließenden Dickdarmsimulation war eine Abnahme der Konzentrationen aller Hydroxyzimtsäuren um bis zu 30% festzustellen. Allerdings zeigten auch die Kontrollansätze ohne Bakterien vergleichbare Konzentrationsverläufe. Bei einem Einsatz von Sinapinsäure und Kaffeesäure im Verdauungsmodell konnten dabei hauptsächlich Zusammenlagerungsreaktionen identifiziert werden (Anhang 1). Die Untersuchung der Metabolite wies für Ferulasäure jedoch charakteristische mikrobielle Abbaureaktionen, vor allem Decarboxylierungen auf (Abbildung 17), wie sie auch in der Literatur von Rosazza et al. (1995) sowie Mathew und Abraham (2006) oder Selma et al. (2009) zusammengefasst werden. *In vitro* Untersuchungen mit human Faeceskulturen zeigen aber deutlich intensivere und schnellere Abbauraten als in dieser Arbeit beobachtet (Gonthier et al. 2006). Möglicherweise sind die im simulierten Verdauungsmodell eingesetzten Stämme nicht oder nur bedingt an den Abbauwegen der Hydroxyzimtsäuren beteiligt bzw. haben nur eine geringe metabolische Aktivität zur Umsetzung dieser Substanzen. Denkbar sind aber auch antimikrobiologische Wirkungen auf einige eingesetzte Stämme durch die untersuchten Hydroxyzimtsäuren (Sánchez-Maldonado et al. 2011). Beim Einsatz von

Diskussion

Chlorogensäure als Ester der Kaffeesäure und Chinasäure konnte nach der Magenpassage nahezu keine Veränderung der Konzentration festgestellt werden (Abbildung 19). Mit dem Übergang in die enzymatische Dünndarmpassage zeigte sich eine rapide Abnahme der Konzentration von Chlorogensäure um 60%. Während der weiteren Inkubation in der enzymatischen Dünndarmstufe blieben die Konzentrationen anschließend wieder nahezu konstant. Die Stabilität in synthetischem Magen und Dünndarmsaft wiesen auch Olthof und Mitarbeiter (2001) nach. In den anschließenden Dickdarmstufen des Verdauungsmodells wurde die Chlorogensäure anschließend vollständig durch die eingesetzten Bakterien umgesetzt. Durch die Spaltung des Esters entstand in Übereinstimmung mit Literaturquellen Kaffeesäure. Effektive Esterase-Aktivitäten sind vor allem durch *Escherichia spec.*, *Bifidobacterium spec.* und *Lactobacillus spec.* bekannt (Couteau et al. 2001). Als Endprodukt der weiteren mikrobiologischen Umsetzung der Kaffeesäure identifizierten Rechner et al. (2004) Hydroxyphenylpropionsäuren.

Die Ergebnisse der simulierten Verdauung der phenolischen Reinsubstanzen bestätigen, dass das verwendete *in vitro* Modell gut geeignet ist um Aufschlüsse über die Umsetzung von Lebensmittelinhaltsstoffen während komplexer Verdauungsvorgänge zu erhalten. Die stufenweise Betrachtung der einzelnen Verdauungsschritte ermöglichte dabei die schrittweise Aufklärung von Abbauprozessen und Metabolisierungen. Neben der Verfolgung der Zersetzung der eingesetzten Substanzen war es unter den definierten Bedingungen des Modells gleichzeitig möglich weitere relevante Wechselwirkungen zwischen den Inhaltsstoffen aufzuklären.

5.3 Einflussfaktoren auf die Resorptionsverfügbarkeit der Anthocyane

Der Vergleich der detektierten Restkonzentrationen von Cyanidin-3-O-Rutinosid nach der enzymatischen Dünndarmstufe wich zwischen den verschiedenen polyphenolreichen Produkten erheblich ab (Abbildung 29). Anthocyane können eine Vielzahl von unterschiedlichen Reaktionen eingehen und so neben dem Zerfall zahlreicher weiterer Veränderungen unterliegen. In den letzten Jahren rückten dabei vor allem Interaktionen mit der Lebensmittelmatrix, in der sie enthalten sind, in den Fokus der wissenschaftlichen Untersuchungen (Green et al. 2007, Serra et al. 2010, Palafox-Carlos et al. 2011). Die in dieser Arbeit untersuchten polyphenolreichen Produkte reines Cyanidin-3-O-rutinosid, Johannisbeersaft, Heißextrakt von Johannisbeertrester und mit Johannisbeersaft versetzte vergorene Bierwürze unterscheiden sich in ihrer Zusammensetzung einiger wichtiger Inhaltsstoffe deutlich. Die verschiedenen Zusammensetzungen und Konzentrationen an enthaltenen Zuckern, organischen Säuren und Proteingehalt geben somit mögliche Erklärungsansätze für die aufgezeigten Unterschiede in den Wiederfindungsraten der Anthocyane nach den enzymatischen Verdauungsstufen. Mit komplexerer Matrix

Diskussion

gingen höhere Verluste an Cyanidin-3-O-rutinosid einher (Abbildung 29). Bei reinem Anthocyan lagen nach der enzymatischen Dünndarmstufe noch 70% der eingesetzten Konzentration vor, während sich der höchste Verlust bei vergorener Bierwürze mit Johannisbeersaft zeigte. Hier wurden nur 25% der ursprünglich enthaltenen Anthocyane detektiert. Eine Beeinflussung und Änderung in der ermittelten Resorptionsverfügbarkeit von Cyanidin-3-O-rutinosid erscheint dabei vor allem durch Proteine und Polymerisierungen wahrscheinlich. Die in dieser Arbeit aufgezeigten Hinweise auf die Kondensation von Polyphenolen und der Interaktion mit Proteinen werden in den nächsten Abschnitten diskutiert.

Copigmentierungen und Kondensation von Polyphenolen

Im Laufe der Verdauungssimulation der untersuchten polyphenolreichen Produkte wurde eine Erhöhung der polymeren Anteile der Polyphenole ermittelt (Abbildung 9, Abbildung 22, Abbildung 26, Abbildung 28). Die in den LC-MS-Analysen nachgewiesenen Produkte verdichteten ebenso die Hinweise auf abgelaufene Polymerisierungsreaktionen der eingesetzten reinen Polyphenole (Anhang 1).

Die Zusammenlagerungen von Anthocyanen mit anderen Substanzen wie organischen Säuren oder Metall-Ionen wird unter dem Begriff der Copigmentierung zusammengefasst. Teilweise werden auch die Zusammenlagerungen zwischen Polyphenolen untereinander dazugerechnet. Vor allem bei der Wein- und Bierherstellung und der anschließenden Lagerung wurden viele dieser Effekte aufgezeigt (Fulcrand et al. 2006, Vanderhaegen et al. 2006). Dabei nehmen vor allem die Stoffwechselprodukte Acetaldehyd und Pyruvat eine wesentliche Rolle ein (Fulcrand et al. 2006). Durch die Anlagerung dieser Metabolite aus dem Hefestoffwechsel an der Stelle C-4 und der 5-OH Gruppe des Anthocyans entsteht durch Ringbildung ein stabiles Pyranoanthocyan (Freitas und Mateus 2011). Diese Reaktion ist auch bei der eingesetzten vergorenen Bierwürze, die mit Johannisbeersaft versetzt wurde, denkbar. Grundlage dieses Getränkes ist eine mehrstufige Fermentation mit definierten Mischkulturen aus Essigsäurebakterien, Milchsäurebakterien und Hefekulturen (Bader 2008, Baki et al. 2011). Durch das gleichzeitige Vorliegen der Metabolite aus der Mischfermentation in vergorener Bierwürze und die Kombination mit den Anthocyanen der Schwarzen Johannisbeere erscheinen Copigmentierungen möglich. Der Einsatz der vergorenen Bierwürze zog dementsprechend, im Vergleich zu allen anderen untersuchten phenolischen Produkten, die niedrigste Wiederfindungsrate von Cyanidin-3-O-rutinosid nach der enzymatischen Dünndarmstufe nach sich. Die nachgewiesene Erhöhung des polymeren Anteils der Anthocyane (Abbildung 28) spricht für diese Theorie. Grundlage der Methode ist eine Anlagerung von Bisulfit an die Position C4 der Anthocyane, was eine „Bleichung", also Entfärbung der monomeren Anthocyane nach sich zieht (Berké et al. 1998). Durch Copigmentierungen ist diese Position nicht

Diskussion

zugänglich, und die polymeren Anthocyane können photometrisch bestimmt werden. Ein Anstieg wird allerdings auch bei den anderen phenolischen Produkten, bei denen Reaktionen mit Metaboliten der Hefegärung ausgeschlossen werden können, sichtbar (Abbildung 9, Abbildung 22, Abbildung 26). Dementsprechend sind auch Zusammenlagerungen und Polymerisierungen von Polyphenolen denkbar. Verschiedene Arbeitsgruppen konnten schon eine erhöhte Abnahme der Anthocyankonzentration in Anwesenheit von anderen Polyphenolen durch die Kondensationsreaktionen erklären (Santos-Buelga et al. 1995, Salas et al. 2003, McDougall et al. 2005a, Lopes-da-Silva et al. 2007). Die Hinweise auf mögliche Polymerisierungs-reaktionen konnten durch LC-MS-Analysen beim Einsatz der reinen Polyphenole im Verdauungsmodell bestätigt werden (Anhang 1).

In der Literatur finden sich bisher nur wenige Daten, die eine Polymerbildung während der Verdauung erforschen. Zukünftige Fragestellungen sollten sich daher vor allem auf die Bedingungen der Polymerbildung, der möglichen weiteren Verstoffwechselung der polymeren Substanzen durch die Darmbakterien und der physiologischen Bedeutung der Polymere konzentrieren.

Proteinwechselwirkungen

Bindungen von Polyphenolen an Proteine sind in der Literatur vielfach beschrieben (Quideau et al. 2011, Bandyopadhyay et al. 2012). Vor allem durch Wasserstoffbrückenbindungen und hydrophobe Wechselwirkungen werden die Interaktionen hervorgerufen. Je nach Verhältnis an Proteinen und Polyphenolen kann es dabei auch zu unlöslichen Verbindungen kommen, die z.B. in Getränken zu Niederschlägen führen und ausfallen (Siebert 2006). Die Wechselwirkungen sind dabei auch maßgeblich von den Strukturen der Polyphenole und der Proteine abhängig. Ein hoher Anteil an prolinreichen Sequenzen im Protein verstärkt dabei die Wechselwirkung (Baxter et al. 1997, Joebstel et al. 2004, Poncet-Legrand et al. 2007). Die verwendete vergorene Bierwürze enthielt mit 0,5 g/l die höchste Proteinkonzentration im Vergleich zu den anderen eingesetzten phenolreichen Produkten, die einen 10fach geringeren Proteingehalt von unter 0,05 g/l aufwiesen. Weiterhin ist bekannt, dass Gerstenwürze viele prolinreiche Proteine wie Hordeine und Gliadine enthält (Gorinstein et al. 1999, Siebert 2006, Jin ct al. 2011). Eine Wechselwirkung mit Proteinen aus der Würze mit den Polyphenolen aus Schwarzem Johannisbeersaft erscheint daher plausibel. Die Bindungen werden eher durch hydrophobe Wechselwirkungen am Isoelektrischen Punkt (IP) des jeweiligen Proteins initiiert und begünstigt (Viljanen et al. 2005, Wiese et al. 2009). Daher lässt sich auch erklären, warum die Wechselwirkungen in den durchgeführten Versuchen mit vergorener Bierwürze erst in der enzymatischen Dünndarmstufe erkennbar werden. Der in dieser Stufe eingestellte pH-Wert von 6,8 liegt um den Bereich des IP vieler Hordeinproteine (Strelec et al. 2011). Die prolinreichen Sequenzen werden entfaltet und ermöglichen eine verstärkte hydrophobe Wechselwirkung mit den

Diskussion

Anthocyanen. Die Probenaufbereitung (Zentrifugation, Filtration) während der Polyphenolanalyse führt in den meisten Fällen zu einer Entfernung des Komplexes aus der Probe und so zu einer Abnahme der messbaren Anthocyankonzentration. Der beobachtete Niederschlag wurde in weiterführenden Arbeiten am Forschungsinstitut für Spezialanalytik der Versuchs- und Lehranstalt für Brauerei in Berlin aufgearbeitet (Schütt et al. 2011, Schütt et al. 2013). Dabei wurden Anthocyane herausgelöst und die These der Komplexbildung mit Proteinen gestärkt. Über die Bedeutung des Polyphenol-Protein-Aduktes kann nur spekuliert werden. Eine Resorption des Komplexes von Polyphenol und Protein erscheint unwahrscheinlich, so dass dieser eher den Dickdarm erreicht. Durch diese Art des „Drug delivery systems" könnte die Konzentration an antioxidativ wirkenden Substanzen im Dickdarm erhöht werden. Weiterführende Arbeiten mit dem *in vitro* Modell sollen klären ob durch einen mikrobiellen Abbau, die Polyphenole aus dem Komplex wieder freigesetzt werden können.

5.4 Wechselwirkungen von Polyphenolen mit Proteinen des Verdauungstraktes

Mucin

In der simulierten Magenpassage wurde nur ein Bruchteil der zu erwartenden Konzentrationen der eingesetzten Hydroxyzimtsäuren wiedergefunden (Abbildung 16). Da von den Hydroxyzimtsäuren Bindungen an einige physiologisch bedeutende Proteine bekannt sind (Rawel et al. 2005), lag die naheliegendste Erklärung in einer Wechselwirkung mit dem Verdauungsenzym Pepsin. Da derselbe Effekt im Kontrollansatz ohne Pepsin jedoch auch sichtbar wurde konnte diese Wechselwirkung ausgeschlossen werden. Durch Variation der Inhaltsstoffe des synthetischen Magensaftes wurden Hinweise auf eine Wechselwirkung mit Mucin aufgezeigt. Die Mucinen stellen eine Gruppe von komplexen Glykoproteinen dar, die beim Menschen dem Schutz der Schleimhäute dienen. Die Zuckerketten können dabei bis zu 80% der Molekülstruktur ausmachen (Bansil und Turner 2006). Der Proteinkern setzt sich typischerweise aus sich wiederholenden Sequenzen von Serin, Threonin und Prolin zusammen. Im menschlichen Mucin des Magens betrug der Anteil von Prolin 15,4% der gesamten Aminosäuresequenz (Toribara et al. 1993). Durch verschiedene Arbeiten wurde eine bevorzugte Bindung an Proteine mit prolinreichen Sequenzen nachgewiesen (Baxter et al. 1997, Joebstel et al. 2004, Poncet-Legrand et al. 2007). Durch die Struktur des Mucins mit hydrophoben und hydrophilen Regionen werden verschiedene mögliche Reaktionen mit Polyphenolen diskutiert. Am wahrscheinlichsten sind Ausbildungen von Wasserstoffbrückenbindungen und hydrophobe Wechselwirkungen (Bansil und Turner 2006, Quideau et al. 2011). In der vorliegenden Arbeit wurde mit dem Übergang in die anschließende Dünndarmphase in Kombination mit der entsprechenden pH-Erhöhung ein Anstieg der Konzentration aller

Hydroxyzimtsäuren auf die ursprünglich eingesetzten Konzentrationen detektiert. Die vermuteten Protein-Polyphenol-Wechselwirkungen wurden demnach aufgelöst. Da der Kontrollansatz des synthetischen Duodenalsaftes ohne Enzym den selben Effekt zeigte, kann es sich hierbei nicht um eine Spaltung des Komplexes durch die Verdauungsenzyme (z.b. Trypsin) handeln. Es muss sich vielmehr um pH-bedingte Änderungen des Anthocyans oder des Proteins handeln, die zur Auflösung der Wasserstoffbrückenbindung oder Änderung der hydrophoben Wechselwirkungen führten. Durch Rawel et al. (2005) wurde im neutralen pH-Bereich ebenfalls eine geringere Bindung von Ferulasäure an Gelatine, mit einer prolinreichen Aminosäuresequenz, nachgewiesen. Weiterhin zeigte sich eine strukturelle Änderung von Mucin in Abhängigkeit vom pH-Wert. Dabei ging mit dem isoelektrischen Punkt von Mucin zwischen pH 2 und 3 eine Entfaltung der hydrophoben Bereiche einher (Lee et al. 2005). Dies bestärkt die Annahme einer hydrophoben Wechselwirkung mit den im *in vitro* Modell eingesetzten Hydroxyzimtsäuren und die damit einhergehenden niedrigen messbaren Konzentrationen in der simulierten Magenpassage. Bei den anderen untersuchten Polyphenolen wurde keine vergleichbare Wechselwirkung in der Magenpassage sichtbar. Daher scheinen auch funktionelle Gruppen, Zuckerreste und die Molekülgröße einen Einfluss auf die Wechselwirkungen mit Proteinen zu haben.

Aktivität der α-Amylase

Durch die bekannte Eigenschaft einiger Polyphenole, mit Glucosidasen und Amylasen in Wechselwirkung zu treten, wird ein pharmazeutischer Einsatz als Therapeutikum bei Diabetes Mellitus-Erkrankten in Erwägung gezogen (Boath et al. 2012). Durch die Bindung an die Enzyme wird deren Aktivität reduziert. Infolgedessen wird beispielsweise mit der Nahrung aufgenommene Stärke langsamer abgebaut, und die Zuckeraufnahme ins Blut verzögert, so dass sich der Blutzuckerspiegel nur langsam erhöht. Polyphenole könnten dabei als natürliche Inhibitoren zur Regulierung der Blutzuckerkonzentration nach einer stärkehaltigen Mahlzeit dienen und zur Vorbeugung des hyperglykämischen Effekts eingesetzt werden (McDougall et al. 2005b). Die im Verdauungsmodell eingesetzten polyphenolreichen Produkte wurden daher auf ihren Einfluss auf die Aktivität von pankreatischer α-Amylase geprüft.

Durch Johannisbeersaft, Heißextrakt aus Johannisbeertrester und vergorene Bierwürze kombiniert mit Johannisbeersaft kam es zu einer Inhibierung des Enzyms und einer nachweisbaren Abnahme der entsprechenden Aktivität um bis zu 80% (Abbildung 30). Die höchste Abnahme wurde mit Johannisbeersaft und Heißextrakt aus Johannisbeertrester ermittelt. Der IC_{50} entsprach 80 µg/ml Gallussäure-Äquivalenten (GAE). Beim Einsatz der vergorenen Bierwürze mit Johannisbeersaft in einer vergleichbaren Konzentration von GAE konnte dagegen nur eine 20%ige Abnahme festgestellt werden. Diese Unterschiede können durch ein unterschiedliches Polyphenolprofil erklärt werden. Während in Heißextrakt aus Johannisbeertrester und dem Johannisbeersaft vorwiegend Anthocyane vorliegen, dominieren in der vergorenen Bierwürze zu einem Großteil die Polyphenole wie Flavanole und Flavonole aus dem Malz (Arranz et al. 2012). Die Anthocyane liegen nur in untergeordneter Konzentration vor, da die Würze vor der Gärung lediglich mit 5% Johannisbeersaft versetzt wurde. Dass die Anthocyane eine Auswirkung auf die Aktivität der für die Verdauung relevanten Glucosidasen und Amylasen haben, wird durch mehrere Studien bestätigt. Eine vergleichbare Hemmung wie in der hier vorliegenden Arbeit konnte durch einen Extrakt der Schwarzen Johanisbeere (Grussu et al. 2010) bzw. einzelne Anthocyane aufgezeigt werden. Vor allem die Bedeutung von Cyanidin-3-O-glucoside auf die Hemmung wird hervorgehoben (Boath et al. 2012). Es wird angenommen, dass die Wirkung der Anthocyane dabei wesentlich von strukturellen Unterschieden der Zuckerreste abhängt (Akkarachiyasit et al. 2010). Auch wenn die genauen Interaktionen noch unklar sind, postulieren Lo Piparo et al. (2008) eine Ausbildung von Wasserstoffbrückenbindungen zwischen den Hydroxylgruppen der Anthocyane und den polaren Gruppen im aktiven Zentrum der Proteine.

Bei der Untersuchung von Extrakten und einzelnen Polyphenolfraktionen der Vogelbeere konnte den Anthocyanen dagegen interessanterweise nur eine untergeordnete Rolle zugeordnet und dafür eine hohe Wirkung von polymeren Fraktionen festgestellt werden (Grussu et al. 2010). Der Polymerisierungsgrad hat dabei einen Einfluss auf die enzymhemmende Wirkung (Lee et al. 2007, Lee et al. 2010). Eine exakte Unterscheidung der Polyphenolzusammensetzung, im Speziellen der polymeren Strukturen, der hier getesteten Produkte Johannisbeersaft, Heißextrakt aus Johannisbeertrester und vergorener Bierwürze mit Johannisbeersaft ist geplant, um weitere Einblicke in die ablaufenden Reaktionen und die Anwendbarkeit der Polyphenole als Amylaseinhibitoren zu erlangen.

Aktivität der Lipase

Eine Unterdrückung der Lipasen im menschlichen Körper ist insbesondere bei der Behandlung von Übergewicht interessant. Meist herrscht ein Ungleichgewicht im Energiehaushalt, so dass durch eine verminderte Fettspaltung die Energiezufuhr reduziert wird (McDougall et al. 2009). Polyphenole können, wie aufgezeigt, mit einigen Enzymen Wechselwirkungen eingehen und stellen somit auch eine natürliche potentielle Quelle für eine gezielte Inhibierung der pankreatischen Lipase dar. In den durchgeführten Versuchen wurde jedoch durch keine der eingesetzten Substanzen und polyphenolreichen Produkte ein Einfluss nachgewiesen (Abbildung 31). You und Mitarbeiter (2011) konnten dagegen eine starke Inhibierung durch Anthocyane erreichen und stellen die Vermutung an, dass die Anthocyane und deren Aglycone effektivere Inhibitoren der Lipaseaktivität sind als andere phenolische Substanzen. Weder der untersuchte Johannisbeersaft noch der Heißextrakt aus

Diskussion

Johannisbeertrester zeigten im Lipaseassay in der vorliegenden Arbeit einen Einfluss auf die Lipase, obwohl sie hohe Konzentrationen an Anthocyanen enthalten. Andere Arbeitsgruppen konnten ebenfalls keinen Effekt durch einen anthocyanreichen Extrakt der Schwarzen Johannisbeere herbeiführen (McDougall et al. 2009). In mehreren Veröffentlichungen wird dagegen eher von einer vermehrten Bindung von oligomeren Polyphenolen an die Lipase ausgegangen (Sugiyama et al. 2007, Adisakwattana et al. 2010). Auch Catechine mit Derivaten der Gallussäure wurden als wirkungsvolle Inhibitoren identifiziert (Ikeda et al. 2005, Nakai et al. 2005). Diese können auch in Bier und Würze vorliegen (Arranz et al. 2012). Weiterhin können Oligosacchharide und Proteine aus pflanzlichen Bestandteilen wie Malz als natürliche Inhibitoren fungieren (LaGraza et al. 2011). Durch eine angepasste Prozessführung in der Herstellung der vergorenen Bierwürze könnte eine Erhöhung der polymeren Anteile angestrebt werden. Die aufgezeigten Wechselwirkungen zwischen Polyphenolen und Proteinen gelten als Schlüsselfaktor für neue Ansätze in der Bekämpfung von Diabetes und Adipositas. Durch *in vitro* Versuche können die Effekte der Enzymhemmungen der α-Amylase genau verfolgt werde und die Produkte mit Schwarzer Johannisbeere daher in weiterführenden Arbeiten auf ihre Wirkung genauer untersucht werden.

5.5 Antioxidatives Potential

Die antioxidative Wirkung von Polyphenolen ist gut bekannt und steht im Mittelpunkt vieler wissenschaftlicher Untersuchungen, um Indikatoren für die Qualität und Stabilität von vielen Lebensmitteln zu ermitteln, aber auch zur Erklärung der physiologischen Wirksamkeit der Polyphenole beim Menschen. Wie in dieser Arbeit aufgezeigt, kommt es während der Verdauung jedoch zu zahlreichen Abbau- und Reaktionsprozessen sowie weiteren Modifikationen (Copigmentierungen, Polymerisierungen) der Polyphenole. Diese können zu veränderten Wirkungen und Eigenschaften der natürlichen Antioxidantien führen. Bei der Ermittlung der Resorptionsverfügbarkeit und Metabolisierung der phenolischen Produkte im Verdauungsmodell wurde daher auch jeweils das antioxidative Potential (AOP) mittels Chemolumineszenz geprüft. Dabei wiesen alle Proben aus den verschiedenen Verdauungsabschnitten die Möglichkeit auf, die Konzentrationen des Superoxidanionradikals im verwendeten Messsystem zu senken. Der Vergleich der Werte des AOP in den einzelnen Verdauungsstufen unterlag jedoch einigen Änderungen (Abbildung 9, Abbildung 22, Abbildung 26, Abbildung 28). In der Magenpassage zeigte sich keine wesentliche Abweichung der Werte im Laufe der Transitzeit, was durch die nachgewiesene Stabilität der Anthocyane in dieser Passage auch zu erwarten war. Mit dem Übergang in die anschließende Dünndarmpassage war bei allen eingesetzten phenolischen Produkten eine Abnahme des antioxidativen Potentials um 50% festzustellen. Als Ursache können die schon diskutierten Fakten zur Beeinflussung der Anthocyankonzentration

Diskussion

herangezogen werden. Viljanen und Mitarbeiter (2005) stellen die Hypothese auf, dass die Lebensmittelmatrix, in der die Polyphenole enthalten sind, einen erheblichen Einfluss auf das AOP hat. So kommt es durch die in der vorliegenden Arbeit aufgezeigten Polyphenol-Protein-Wechselwirkungen zu einem wesentlichen Einfluss auf die antioxidativ wirkenden Verbindungen. In den meisten Fällen führt diese Komplexbildung mit Proteinen zu einer geringeren antioxidativen Wirkung (Arts et al. 2002, Bandyopadhyay et al. 2012). Weiterhin unterliegen die Anthocyane bei den in der Dünndarmpassage vorherrschenden pH-Bedingungen physikochemischen Zerfallsprozessen. In den mikrobiologischen Stufen findet außerdem eine intensive mikrobiologische Umsetzung statt. Durch eine Abnahme der Konzentration an ursprünglich eingesetzten antioxidativ wirksamen Substanzen wäre eine gleichzeitige Abnahme des AOP dementsprechend eine logische Schlussfolgerung. Andererseits sind auch die gebildeten Abbauprodukte wie Protocatechusäure antioxidativ wirksam (Li et al. 2011). Bei der Untersuchung der Aglycone mit den jeweiligen glucosilierten Formen ergaben sich aber widersprüchliche Aussagen. In Abhängigkeit der Methode zeigten die Aglycone dabei ein höheres AOP (Kähkönen und Heinonen 2003) oder ein niedrigeres AOP (Matsumoto et al. 2002). In der Dickdarmstufe des *in vitro* Modells wurde wiederum ein zeitweiliger Anstieg des antioxidativen Potentials im Vergleich zur vorangegangenen Dünndarmstufe gemessen (Abbildung 9, Abbildung 22, Abbildung 26, Abbildung 28). Durch die intensive mikrobielle Verstoffwechselung der Polyphenole in dieser Phase können antioxidative Wirksamkeiten der Abbauprodukte angenommen werden. Somit spielen die in den Dickdarm gelangten Polyphenole an sich, aber auch zu einem hohen Anteil deren Abbauprodukte, eine wichtige Rolle bei der Senkung von oxidativem Stress im Dickdarm und somit bei der Bekämpfung von Darmkrebs (Halliwell et al. 2005). Gleichzeitig wurde in der simulierten Dickdarmphase eine Erhöhung der polymeren Anthocyane festgestellt. Die Bedeutung der Proanthocyanidine für das antioxidative Potential wurde unter anderem bei Extrakten aus Sanddorntrester aufgezeigt. Bei der Untersuchung einzelner Fraktionen wiesen Rösch und Mitarbeiter (2004) nach, dass die oligomeren Anteile wesentlich zur antioxidativen Kapazität dieses Extraktes beitrugen und enthaltene Monomere eine zu vernachlässigende Rolle beim AOP spielten. Das Polyphenolprofil der eingesetzten Produkte mit Anteilen der Schwarzen Johannisbeere unterscheidet sich jedoch deutlich vom Sanddorn. Während im Sanddorn die monomeren Polyphenole generell in geringen Konzentrationen vorliegen oder ein eher geringes AOP besitzen, überwiegt in der Schwarzen Johannisbeere der Anteil der Anthocyane. Durch die ohnehin hohe antioxidative Wirkung der Anthocyane ist es fraglich, ob eine Bildung von Proanthocyanidinen überhaupt ins Gewicht fallen würde. Aber auch die schon diskutierte Entstehung von Copigmenten der Anthocyane könnte zu einer Steigerung oder dem Erhalt des antioxidativen Potentials beitragen (Leopoldini et al. 2010). Da die Messungen des antioxidativen Potentials über alle Stufen des Verdauungsmodells möglich waren

Diskussion

kann die Methode als weiteres hilfreiches Mittel eingesetzt werden um die Konsequenzen der Metabolisierung von Nahrungsmittelinhaltsstoffen abzuschätzen. Mittels der hier eingesetzten Messmethode der Chemolumineszenz ist es allerdings nur möglich, die antioxidative Wirkung der Probe als Summenparameter darzustellen. Aussagen oder Unterscheidungen zu relevanten Substanzen oder wirksamsten Verbindungen lassen sich somit nicht genau treffen. Dies wäre nur möglich durch Fraktionierung der Proben oder durch Verfahren wie gekoppelte HPLC-UV/vis-Online-TAEC (Zietz et al. 2010).

5.6 Industrielle Anwendung

Für die Untersuchung der Stabilitäten verschiedener Kreatin-Derivate während der simulierten Verdauung im *in vitro* Modell wurde zunächst eine Vergleichbarkeit der Derivate sichergestellt. Es zeigte sich kein Unterschied im Auflöseverhalten der Derivat-Kapseln im synthetischen Magensaft. Gleichzeitig wies keines der untersuchten Derivate in den Vorversuchen eine Pufferwirkung im eingesetzten Magensaft auf. Daher stellten die definierten Konditionen (pH 2,0) bzw. die Verwendung der reinen Substanzen (anstatt der jeweiligen Kapsel) repräsentative Parameter dar, die zielorientiert zu reproduzierbaren Ergebnissen führte. Es zeigte sich bis auf die Ausnahme des Kreatinethylesters kein wesentlicher Unterschied in den Stabilitäten der verschiedenen Derivate während der Verdauung. Über den Gesamtzeitraum von 8 bis 9 Stunden war lediglich eine Abnahme von maximal 3% Kreatin festzustellen (Abbildung 33). Die nachgewiesene höchste Umwandlungsrate von Kreatin zu physiologisch unnutzbarem Kreatinin zeigte sich bei allen Derivaten in der Magenpassage. Dies stimmt mit Daten aus der Literatur überein: Über einen längeren Zeitraum ist Kreatin in wässriger Lösung instabil und es kommt zur Umwandlung in Kreatinin. Dabei ergeben sich mit höherer Temperatur und niedrigeren pH-Werten höhere Zerfallsraten (Jäger et. al 2011). Ein Abbau durch verschiedene Bakterien wird durch verschiedene Arbeitsgruppen diskutiert und ist noch nicht vollständig geklärt (Kim et al. 2011). In Humanstudien wurde jedoch kein oder ein lediglich zu vernachlässigender mikrobieller Einfluss ermittelt (Deldicque et al. 2008). Durch die kurze Transitzeit im Dünndarm, der gleichzeitig Hauptort der Resorption für Kreatin darstellt, ist ein mikrobieller Einfluss auch eher unwahrscheinlich (Orsenigo et al. 2005). Diese Theorie wird unterstützt durch *in vivo* Studien, die eine fast vollständige Resorption von Kreatin nachweisen (Deldicque et al. 2008, Jäger et al. 2011). Die aufgezeigte 97%ige Resorptionsverfügbarkeit der Kreatinderivate nach der enzymatischen und mikrobiellen Dünndarmstufe des eingesetzten Verdauungsmodells ist somit in Einklang mit den oben genannten Fakten. Bei der Analyse des Kreatinethylesters wurden schon zu Beginn der simulierten Verdauung lediglich nur noch Spuren von Kreatin nachgewiesen und dafür hohe Konzentrationen an Kreatinin. Wodurch die fast vollständige Umwandlung hervorgerufen wurde, kann nicht gesichert

Diskussion

nachvollzogen werden. Es sind jedoch 2 Möglichkeiten denkbar: Zum einen können Probleme des Herstellers in Qualitätskontrolle und Verpackung der Derivate bzw. der Darreichungsform dazu geführt haben, dass die erforderliche Qualität und Lagerstabilität nicht gewährleistet war. Durch den nicht mehr einwandfreien Zustand der Kapseln (beginnendes Aufquellen) beim Öffnen der Verpackung kann die Umwandlung von Kreatinethylester zu Kreatinin schon vor deren Verwendung nicht ausgeschlossen werden. Zum anderen gibt es auch in anderen Studien Hinweise auf eine hohe Instabilität und schnelle Umwandlung von Kreatinethylester. In einem eukaryontischen Zellkulturmodell zeigte sich keine Aufnahme dieses Derivates aufgrund der raschen Umwandlung zu Kreatinin (Adriano et al. 2011). Weiterhin zeigten Wirksamkeitsstudien verschiedener Derivate am Menschen keinen ergogenen Effekt nach der Einnahme von Kreatinethylester (Spillane et al. 2009). Bei der genaueren Untersuchung der nachgewiesenen nicht enzymatischen Umwandlung des Kreatinethylesters zu Kreatinin konnten Giese und Lecher (2009) eine eindeutige pH-Abhängigkeit feststellen. Während bei neutralen Werten um pH 7,0 eine vollständige Reaktion innerhalb weniger Minuten nachgewiesen wurde, nahm die Umwandlungsrate mit sinkendem pH-Wert ab. Bei einem pH-Wert von 5,0 fand dementsprechend eine langsamere Reaktion statt, und das Verhältnis von nachgewiesenem Kreatin zu Kreatinin betrug 3:1 (Giese und Lecher 2009). Die Halbwertzeit von Kreatinethylester liegt dabei bei niedrigem pH-Wert bei mehreren Tagen, bei pH 5,0 nur noch bei 4 Stunden und bei pH 7,0 bei wenigen Minuten (Katseres et al. 2009). In der wässrigen Suspension des verwendeten Kreatinethylesters wurde ein pH-Wert von 4,9 gemessen und in der anschließenden Magenpassage auf pH 2,0 eingestellt. Dies kann dementsprechend nicht die Ursache der vollständigen Umwandlung zu Kreatinin sein. Da der pH-Wert in den Versuchen aber standardmäßig nach den Probenahmen neutralisiert wurde, kann die vollständige Bildung von Kreatinin auch auf diese Erhöhung des pH-Wertes zurückgeführt werden. Dementsprechend wurde bei der Analyse kein Kreatin mehr erfasst.

6 Zusammenfassung

Mit Hilfe eines *in vitro* Modells, basierend auf 4 hintereinander geschalteten Bioreaktoren, war es möglich, komplexe Vorgänge der Verdauung modellhaft nachzustellen. Somit konnte die stufenweise Metabolisierung von ausgewählten Lebensmittelinhaltsstoffen unter definierten physikochemischen, enzymatischen und mikrobiellen Bedingungen der einzelnen Verdauungsstufen verfolgt werden. Beim Einsatz der polyphenolischen Reinsubstanzen wurden zunächst charakteristische Abbaureaktionen wie Hydrolyse von Zuckerresten und Ringspaltung mit den entsprechenden Metaboliten identifiziert. Dabei konnten bei Anthocyanen, Flavonolen und Hydroxyzimtsäuren neben ihrer Spaltung auch Polymerisierungsreaktionen nachgewiesen werden. Die Hinweise auf eine Zusammenlagerung der Polyphenole wurden beim Vergleich der Umsetzung der Anthocyane aus verschiedenen phenolreichen Produkten während der Verdauungssimulation bestärkt. Dabei ergab sich eine Korrelation zwischen der zunehmenden Komplexität der Lebensmittelmatrix und der Abnahme in der Resorptionsverfügbarkeit. Die niedrigeren Wiederfindungsraten der messbaren Anthocyane nach der enzymatischen Dünndarmstufe bei vergorener Bierwürze kombiniert mit Johannisbeersaft sind neben den Copigmentierungen und Polymerisierungen auch auf die nachgewiesene Ausbildung eines Protein-Polyphenol-Komplexes zurückzuführen. Diese Bildung eines Protein-Polyphenol-Adukts führte unter anderem auch zur Hemmung der α-Amylase-Aktivität durch polyphenolreiche Produkte.

Trotz der aufgezeigten Metabolisierungen sowie der vielfältigen Einflüsse und Wechselwirkungen auf die im Verdauungsmodell eingesetzten natürlichen Antioxidantien, konnte dennoch eine antioxidative Wirkung der polyphenolischen Substanzen oder deren Abbauprodukten über alle Verdauungsstufen hinweg nachgewiesen werden.

Die durchgeführten Arbeiten ermöglichen die gezielte Untersuchung der Metabolisierungsreaktionen in dem hoch komplexen Verdauungsprozess. Dabei kommen selektierte Mikroorganismen unter definierten Bedingungen zum Einsatz. Somit ergänzt das etablierte Modell andere, bereits vorhandene Modelle, bei denen komplexe Mikrobiota eingesetzt werden, und erlaubt wissenschaftliche Aussagen zur Metabolisierung von Nahrungsinhaltsstoffen ohne den Einsatz von Tiermodellen.

7 Ausblick

Die in dieser Arbeit erzielten Ergebnisse wiesen unter den Verdauungsbedingungen neben Abbaureaktionen auch die Zusammenlagerungen von Polyphenolen untereinander sowie die Entstehung von Protein-Polyphenol-Komplexen nach. Während anderen Metaboliten mittlerweile eine große Bedeutung auf die physiologische Wirksamkeit zugeschrieben wird, sind die beschriebenen Phänomene und deren prozesstechnische sowie ernährungs-physiologische Bedeutung bisher ungenügend erforscht. Weiterführende Arbeiten sollten daher unter anderem die Bedingungen und Mechanismen der ablaufenden Reaktionen sowie entstehende Produkte aufklären. Weiterhin sind die Eigenschaften der entstehenden Verbindungen zu klären. Dazu wäre es sinnvoll in repräsentativen Modellsystemen auagwählte Polyphenolgemische bzw. Proteine aus dem Verdauungsenzym zu verwenden. Da weitere Inhaltsstoffe des Lebensmittels, in dem die Polyphenole enthalten sind, ebenfalls einen Einfluss auf die Wechselwirkungen haben, sollten die Untersuchungen ebenfalls vereinfachte modellhafte Nahrungsmatrices einschließen. Hier sind neben enthaltenen organischen Säuren und Proteinen auch Lipide und Vitamine von Interesse. Weiterhin sollte der Frage nachgegangen werden, welche Bedeutung die beobachteten Polymerisierungen und Polyphenol-Protein-Adukte auf die Stabilität bzw. Verfügbarkeit der (ursprünglichen) Polyphenole haben. Dabei ist zu klären, ob und wie diese Komplexe während der Verdauung weiter metabolisiert werden oder ob eventuell Schutzeffekte auftreten, so dass es zu einer Art „drug delivery system" kommt, in dessen Zuge sich die Konzentration der natürlichen Antioxidantien im Dickdarm erhöht.

Um genauere Aussagen zur Beeinflussung der Nahrungsmittelinhaltsstoffe auf die Zusammensetzung der eingesetzten definierten Mikrobiota nachzuvollziehen, wäre es möglich, Verfahren wie next generation sequencing einzusetzen. Dies würde auch Identifizierungen der Bakterien in einer komplexen Matrix, ähnlich der natürlichen Darmmikrobiota oder Faeceskulturen, und Verschiebungen in deren Zusammensetzung bei der Zufuhr von Nahrungsmittelinhaltsstoffen ermöglichen.

Um das simulierte Verdauungsmodell den *in vivo* Bedingungen noch einen Schritt näher zu bringen, sollte über die Entwicklung und Etablierung eines Systems zur Einbindung von eukaryotischen Zellkulturen, vor allem von Darmephitelzellen oder gar 3D-Zellkulturmodellen, nachgedacht werden. Der Einsatz von Zellkulturmodulen zwischen den einzelnen Verdauungsstufen würde den Vorteil mit sich bringen, dass sowohl Resorptionen als auch anschließende Konjugationen der eingesetzten Substanzen sowie der gebildeten Metabolite nachvollzogen werden können. Gleichzeitig könnten in Ergänzung zu *in vivo* Methoden wichtige Erkenntnisse zur möglichen physiologischen Wirkung der Lebensmittelinhaltsstoffe gezogen werden.

8 Verzeichnisse

8.1 Literaturverzeichnis

Adisakwattana S, Moonrat J, Srichairat S, Chanasit C, Tirapongporn H, Chanathong B, Ngamukote S, Mäkynen K, Sapwarobol S (2010) Lipid-Lowering mechanisms of grape seed extract *(Vitis vinifera L)* and its antihyperlidemic activity. Journal of Medicinal Plants Research 4(20):2113–2120

Adriano E, Garbati P, Damonte G, Salis A, Armirotti A, Balestrino M (2011) Searching for a therapy of creatine transporter deficiency: some effects of creatine ethyl ester in brain slices *in vitro*. Neuroscience 199:386–393

Akkarachiyasit S, Charoenlertkul P, Yibchok-anun S, Adisakwattana S (2010) Inhibitory Activities of Cyanidin and Its Glycosides and Synergistic Effect with Acarbose against Intestinal α-Glucosidase and Pancreatic α-Amylase. IJMS 11(9):3387–3396

Allison C, McFARLAN C, MacFarlane GT (1989) Studies on mixed populations of human intestinal bacteria grown in single-stage and multistage continuous culture systems. Applied and Environmental Microbiology 55(3):672–678

Antunes LCM, Han J, Ferreira RBR, Lolic P, Borchers CH, Finlay BB (2011) Effect of Antibiotic Treatment on the Intestinal Metabolome. Antimicrobial Agents and Chemotherapy 55(4):1494–1503.

Arora T, Singh S, Sharma Rk (2013) Probiotics: Interaction with gut microbiome and antiobesity potential. Nutrition 29(4):591–596

Arranz S, Chiva-Blanch G, Valderas-Martínez P, Medina-Remón A, Lamuela-Raventós RM, Estruch R (2012) Wine, Beer, Alcohol and Polyphenols on Cardiovascular Disease and Cancer. Nutrients 4(12):759–781

Arts ICW, La Sesink A, Faassen-Peters M, Hollman PCH (2004) The type of sugar moiety is a major determinant of the small intestinal uptake and subsequent biliary excretion of dietary quercetin glycosides. British Journal of Nutrition 91(06):841–847

Arts, Mariken J. T. J.; Haenen, Guido R. M. M.; Wilms, Lonneke C.; Beetstra, Sasja A. J. N.; Heijnen, Chantal G. M.; Voss, Hans-Peter; Bast, Aalt (2002): Interactions between Flavonoids and Proteins: Effect on the Total Antioxidant Capacity. Int J Agric Food Chem 50(5):1184–1187

Arumugam M, Raes J, Pelletier E, Le Paslier D, Yamada T, Mende DR, Fernandes GR, Tap J, Bruls T, Batto J, Bertalan M, Borruel N, Casellas F, Fernandez L, Gautier L, Hansen T, Hattori M, Hayashi T, Kleerebezem M, Kurokawa K, Leclerc M, Levenez F, Manichanh C, Nielsen HB, Nielsen T, Pons N, Poulain J, Qin J, Sicheritz-Ponten T, Tims S, Torrents D, Ugarte E, Zoetendal EG, Wang J, Guarner F, Pedersen O, Vos WM de, Brunak S, Doré J, Antolín M, Artiguenave F, Blottiere HM, Almeida M, Brechot C, Cara C, Chervaux C, Cultrone A, Delorme C, Denariaz G, Dervyn R, Foerstner KU, Friss C, van de Guchte M, Guedon E, Haimet F, Huber W, van Hylckama-Vlieg J, Jamet A, Juste C, Kaci G, Knol J, Lakhdari O, Layec S, Le Roux K, Maguin E, Mérieux A, Melo Minardi R, M'rini C, Muller J, Oozeer R, Parkhill J, Renault P, Rescigno M, Sanchez N, Sunagawa S, Torrejon A, Turner K, Vandemeulebrouck G, Varela E, Winogradsky Y, Zeller G, Weissenbach J, Ehrlich SD, Bork P (2011) Enterotypes of the human gut microbiome. Nature 473(7346):174–180.

Asano T, Yuasa K, Kunugita K, Teraji T, Mitsuoka T (1994) Effects of gluconic acid on human faecal bacteria. Microbial ecology in health and disease 7(5):247–256

Aura A, Martin-Lopez P, O'Leary KA, Williamson G, Oksman-Caldentey K, Poutanen K, Santos-Buelga C (2005) *In vitro* metabolism of anthocyanins by human gut microflora. Eur J Nutr 44(3):133–142

Ávila M, Hidalgo M, Sánchez-Moreno C, Pelaez C, Requena T, Pascual-Teresa S de (2009) Bioconversion of anthocyanin glycosides by Bifidobacteria and Lactobacillus. Food Research International 42(10):1453–1461

Azzini E, Vitaglione P, Intorre F, Napolitano A, Durazzo A, Foddai MS, Fumagalli A, Catasta G, Rossi L, Venneria E, Raguzzini A, Palomba L, Fogliano V, Maiani G (2010) Bioavailability of strawberry antioxidants in human subjects. Br J Nutr 104(08):1165–1173

Bäckhed F (2005) Host-Bacterial Mutualism in the Human Intestine. Science 307(5717):1915–1920

Bäckhed F (2009) Changes in intestinal microflora in obesity: cause or consequence? J Pediatr Gastroenterol Nutr 48 (2):56-57

Bader J, Albin A, Stahl U (2012) Spore-forming bacteria and their utilisation as probiotics. Beneficial Microbes 3(1):67–75

Bader J (2008) Prozesstechnische Steuerung von Mischkulturen zur Erzeugung von Gärgetränken. Dissertation, Technische Universität Berlin, Fakultät III - Prozesswissenschaften

Baki I, Schütt D, Bader J, Gerlach EM, Garbe LA, Stahl U (2011) Functional, fermented beverages based on malted cereals and fruit components. Current Opinion in Biotechnology 22:98

Ballal SA, Gallini CA, Segata N, Huttenhower C, Garrett WS (2011) Host and gut microbiota symbiotic factors: lessons from inflammatory bowel disease and successful symbionts. Cellular Microbiology 13(4):508–517

Bandyopadhyay P, Ghosh AK, Ghosh C (2012) Recent developments on polyphenol–protein interactions: effects on tea and coffee taste, antioxidant properties and the digestive system. Food & Function 3(6):592-605

Bansil R, Turner BS (2006) Mucin structure, aggregation, physiological functions and biomedical applications. Current Opinion in Colloid & Interface Science 11(2-3):164–170

Barry JL, Hoebler C, Macfarlane GT, Macfarlane S, Mathers JC, Reed KA, Mortensen PB, Nordgaard I, Rowland IR, Rumney CJ (1995) Estimation of the fermentability of dietary fibre *in vitro*: a European interlaboratory study. British Journal of Nutrition 74(3):303–322

Basli A, Soulet S, Chaher N, Mérillon J, Chibane M, Monti J, Richard T (2012) Wine Polyphenols: Potential Agents in Neuroprotection. Oxidative Medicine and Cellular Longevity 2012(2):1–14

Baxter NJ, Lilley TH, Haslam E, Williamson MP (1997) Multiple interactions between polyphenols and a salivary proline-rich protein repeat result in complexation and precipitation. Biochemistry 36(18):5566–5577

Beal MF (2011) Neuroprotective effects of creatine. Amino Acids 40(5):1305–1313

Belenguer A, Duncan SH, Calder AG, Holtrop G, Louis P, Lobley GE, Flint HJ (2006) Two routes of metabolic cross-feeding between Bifidobacterium adolescentis and butyrate-producing anaerobes from the human gut. Appl Environ Microbiol 72(5):3593–3599

Berg R (1996) The indigenous gastrointestinal microflora. Trends in Microbiology 4(11):430–435

Berké B, Chèze C, Vercauteren J, Deffieux G (1998) Bisulfite addition to anthocyanins: revisited structures of colourless adducts. Tetrahedron Letters 39(32):5771–5774

Bermúdez-Soto M, Tomás-Barberán F, García-Conesa M (2007) Stability of polyphenols in chokeberry (*Aronia melanocarpa*) subjected to *in vitro* gastric and pancreatic digestion. Food Chemistry 102(3):865–874

Biagi E, Candela M, Fairweather-Tait S, Franceschi C, Brigidi P (2012) Ageing of the human metaorganism: the microbial counterpart. AGE 34(1):247–267

Bialonska D, Kasimsetty SG, Schrader KK, Ferreira D (2009) The Effect of Pomegranate (Punica granatum L.) Byproducts and Ellagitannins on the Growth of Human Gut Bacteria. J Agric Food Chem 57(18):8344–8349

Blaser MJ (2006) Who are we? Indigenous microbes and the ecology of human diseases. EMBO Rep 7(10):956–960

Blaut M, Clavel T (2007) Metabolic diversity of the intestinal microbiota: implications for health and disease. J Nutr 137(3 Suppl 2):751S-5S

Boath AS, Stewart D, McDougall GJ (2012) Berry components inhibit α-glucosidase *in vitro*: Synergies between acarbose and polyphenols from black currant and rowanberry. Food Chemistry 135(3):929–936

Bokkenheuser VD, Shackleton CH, Winter J (1987) Hydrolysis of dietary flavonoid glycosides by strains of intestinal Bacteroides from humans. Biochemical journal 248(3):953-956

Bosch TCG, McFall-Ngai MJ (2011) Metaorganisms as the new frontier. Zoology (Jena) 114(4):185–190

Bosscher D, Breynaert A, Pieters L, Hermans N (2009) Food-based strategies to modulate the composition of the intestinal microbiota and their associated health effects. J Physiol Pharmacol 60 (S6):5–11

Braune A, Gütschow M, Engst W, Blaut M (2001) Degradation of Quercetin and Luteolin byEubacterium ramulus. Applied and Environmental Microbiology 67(12):5558–5567

Brown CT, Davis-Richardson AG, Giongo A, Gano KA, Crabb DB, Mukherjee N, Casella G, Drew JC, Ilonen J, Knip M, Hyöty H, Veijola R, Simell T, Simell O, Neu J, Wasserfall CH, Schatz D, Atkinson MA, Triplett EW, Roop RM (2011) Gut Microbiome Metagenomics Analysis Suggests a Functional Model for the Development of Autoimmunity for Type 1 Diabetes. PLoS ONE 6(10):e25792–e25801.

Buchner N, Krumbein A, Rohn S, Kroh LW (2006) Effect of thermal processing on the flavonols rutin and quercetin. Rapid Commun. Mass Spectrom 20(21):3229–3235.

BVL (2008) Auszug aus der deutschen Liste nach Art. 13 Abs. 2 der Verordnung (EG) Nr. 1924/2006 des Bundesamt für Verbraucherschutz und Lebensmittelsicherheit

Castellari M, Matricardi L, Arfelli G, Galassi S, Amati A (2000) Level of single bioactive phenolics in red wine as a function of the oxygen supplied during storage. Food Chemistry 69(1):61–67

Charlson ES, Bittinger K, Haas AR, Fitzgerald AS, Frank I, Yadav A, Bushman FD, Collman RG (2011) Topographical continuity of bacterial populations in the healthy human respiratory tract. Am J Respir Crit Care Med 184(8):957–963

Cho I, Blaser MJ (2012) The human microbiome: at the interface of health and disease. Nat Rev Genet 13:260–270

Choi S, Hwang JM, Kim SI (2003) A colorimetric microplate assay method for high throughput analysis of lipase activity. J Biochem Mol Biol 36:417–420

Claesson MJ, Cusack S, O'Sullivan O, Greene-Diniz R, Weerd H de, Flannery E, Marchesi JR, Falush D, Dinan T, Fitzgerald G, Stanton C, van Sinderen D, O'Connor M, Harnedy N, O'Connor K, Henry C, O'Mahony D, Fitzgerald AP, Shanahan F, Twomey C, Hill C, Ross RP, O'Toole PW (2011) Colloquium Paper: Composition, variability, and temporal stability of the intestinal microbiota of the elderly. Proceedings of the National Academy of Sciences 108(S1):4586–4591

Claesson MJ, Jeffery IB, Conde S, Power SE, O'Connor EM, Cusack S, Harris HMB, Coakley M, Lakshminarayanan B, O'Sullivan O, Fitzgerald GF, Deane J, O'Connor M, Harnedy N, O'Connor K, O'Mahony D, van Sinderen D, Wallace M, Brennan L, Stanton C, Marchesi JR, Fitzgerald AP, Shanahan F, Hill C, Ross RP, O'Toole PW (2012) Gut microbiota composition correlates with diet and health in the elderly. Nature 488(7410):178–184

Clavel T, Fallani M, Lepage P, Levenez F, Mathey J, Rochet V, Sérézat M, Sutren M, Henderson G, Bennetau-Pelissero C (2005) Isoflavones and functional foods alter the dominant intestinal microbiota in postmenopausal women. The Journal of nutrition 135(12):2786–2792

Clemente JC, Ursell LK, Parfrey LW, Knight R (2012) The Impact of the Gut Microbiota on Human Health: An Integrative View. Cell 148(6):1258–1270

Cogen A, Nizet V, Gallo R (2008) Skin microbiota: a source of disease or defence? British Journal of Dermatology 158(3):442–455

Comstock LE, Coyne MJ (2003) Bacteroides thetaiotaomicron: a dynamic, niche-adapted human symbiont. Bioessays 25(10):926–929

Costello EK, Stagaman K, Dethlefsen L, Bohannan BJM, Relman DA (2012) The application of ecological theory toward an understanding of the human microbiome. Science 336(6086):1255–1262

Counotte GH, Prins RA, Janssen R (1981) Role of Megasphaera elsdenii in the fermentation of DL-[2-13C] lactate in the rumen of dairy cattle. Applied and Environmental Microbiology 42(4):649 655

Couteau D, McCartney A, Gibson G, Williamson G, Faulds C (2001) Isolation and characterization of human colonic bacteria able to hydrolyse chlorogenic acid. J Appl Microbiol 90(6):873–881

Crespy V, Morand C, Besson C, Manach C, Demigne C, Remesy C (2002) Quercetin, but not its glycosides, is absorbed from the rat stomach. J Agric Food Chem 50(3):618–621

Cribby S, Taylor M, Reid G (2008) Vaginal Microbiota and the Use of Probiotics. Interdisciplinary Perspectives on Infectious Diseases 2008(5):1–9

Crozier A, Jaganath IB, Clifford MN (2009) Dietary phenolics: chemistry, bioavailability and effects on health. Nat. Prod. Rep. 26(8):1001

Cummings J, Macfarlane G (1991) The control and consequences of bacterial fermentation in the human colon. J Appl Microbiol 70(6):443–459

Cushnie TT, Lamb AJ (2005) Antimicrobial activity of flavonoids. International Journal of Antimicrobial Agents 26(5):343–356

D'Archivio M, Filesi C, Varì R, Scazzocchio B, Masella R (2010) Bioavailability of the Polyphenols: Status and Controversies. IJMS 11(4):1321–1342

Das S, Rosazza JPN (2006) Microbial and Enzymatic Transformations of Flavonoids. J Nat Prod 69(3):499–508

Day AJ, Díaz JC, Kroon PA, Mclauchlan R, Faulds CB, Plumb GW, Morgan MRA, Williamson G (2000) Dietary flavonoid and isoflavone glycosides are hydrolysed by the lactase site of lactase phlorizin hydrolase. FEBS letters 468(2):166–170

Day AJ, Gee JM, DuPont MS, Johnson IT, Williamson G (2003) Absorption of quercetin-3-glucoside and quercetin-4'-glucoside in the rat small intestine: the role of lactase phlorizin hydrolase and the sodium-dependent glucose transporter. Biochemical pharmacology 65(7):1199–1206

Déat E, Blanquet-Diot S, Jarrige J, Denis S, Beyssac E, Alric M (2009) Combining the Dynamic TNO-Gastrointestinal Tract System with a Caco-2 Cell Culture Model: Application to the Assessment of Lycopene and α-Tocopherol Bioavailability from a Whole Food. J Agric Food Chem 57(23):11314–11320

Deldicque L, Décombaz J, Zbinden Foncea H, Vuichoud J, Poortmans JR, Francaux M (2008) Kinetics of creatine ingested as a food ingredient. Eur J Appl Physiol 102(2):133–143

DeSesso J, Jacobson C (2001) Anatomical and physiological parameters affecting gastrointestinal absorption in humans and rats. Food and Chemical Toxicology 39(3):209–228

Dewhirst FE, Chen T, Izard J, Paster BJ, Tanner ACR, Yu W, Lakshmanan A, Wade WG (2010) The Human Oral Microbiome. Journal of Bacteriology 192(19):5002–5017

Dressman JB, Berardi RR, Dermentzoglou LC, Russell TL, Schmaltz SP, Barnett JL, Jarvenpaa KM (1990) Upper Gastrointestinal (GI) pH in Young, Healthy Men and Women. Pharmaceutical Research 07(7):756–761

Eckburg PB (2005) Diversity of the Human Intestinal Microbial Flora. Science 308(5728):1635–1638

Ferrières J (2004) The French paradox: lessons for other countries. Heart 90(1):107–111

Filippo C de, Cavalieri D, Di Paola M, Ramazzotti M, Poullet JB, Massart S, Collini S, Pieraccini G, Lionetti P (2010) Impact of diet in shaping gut microbiota revealed by a comparative study in children from Europe and rural Africa. Proceedings of the National Academy of Sciences 107(33):14691–14696

Finegold SM, Dowd SE, Gontcharova V, Liu C, Henley KE, Wolcott RD, Youn E, Summanen PH, Granpeesheh D, Dixon D, Liu M, Molitoris DR, Green JA (2010) Pyrosequencing study of fecal microflora of autistic and control children. Anaerobe 16(4):444–453

Fleschhut J, Kratzer F, Rechkemmer G, Kulling SE (2006) Stability and biotransformation of various dietary anthocyanins in vitro. Eur J Nutr 45(1):7–18

Fodor AA, DeSantis TZ, Wylie KM, Badger JH, Ye Y, Hepburn T, Hu P, Sodergren E, Liolios K, Huot-Creasy H, Birren BW, Earl AM (2012) The "most wanted" taxa from the human microbiome for whole genome sequencing. PLoS ONE 7(7):e41294

Forester SC, Waterhouse AL (2009) Metabolites Are Key to Understanding Health Effects of Wine Polyphenolics. Journal of Nutrition 139(9):1824-1831

Forester SC, Waterhouse AL (2010) Gut Metabolites of Anthocyanins, Gallic Acid, 3- O -Methylgallic Acid, and 2,4,6-Trihydroxybenzaldehyde, Inhibit Cell Proliferation of Caco-2 Cells. J Agric Food Chem 58(9):5320–5327

Frank DN, St. Amand AL, Feldman RA, Boedeker EC, Harpaz N, Pace NR (2007) Molecular-phylogenetic characterization of microbial community imbalances in human inflammatory bowel diseases. Proceedings of the National Academy of Sciences 104(34):13780–13785

Freitas V, Mateus N (2011) Formation of pyranoanthocyanins in red wines: a new and diverse class of anthocyanin derivatives. Anal Bioanal Chem 401(5):1467–1477

Fulcrand H, Dueñas M, Salas E, Cheynier V (2006) Phenolic reactions during winemaking and aging. American Journal of Enology and Viticulture 57(3):289–297

Gaggìa F, Di Gioia D, Baffoni L, Biavati B (2011) The role of protective and probiotic cultures in food and feed and their impact in food safety. Trends in Food Science & Technology 22:58

Gajer P, Brotman RM, Bai G, Sakamoto J, Schütte UME, Zhong X, Koenig SSK, Fu L, Ma ZS, Zhou X, Abdo Z, Forney LJ, Ravel J (2012) Temporal dynamics of the human vaginal microbiota. Sci Transl Med 4(132):132ra52

Gasbarrini G, Montalto M, Santoro L, Curigliano V, D&rsquo, Onofrio F, Gallo A, Visca D, Gasbarrini A (2008) Intestine: Organ or Apparatus? Dig Dis 26(2):92–95

Gee JM, DuPont MS, Day AJ, Plumb GW, Williamson G, Johnson IT (2000) Intestinal transport of quercetin glycosides in rats involves both deglycosylation and interaction with the hexose transport pathway. The Journal of nutrition 130(11):2765–2771

Gibson GR, Fuller R (2000) Aspects of in vitro and in vivo research approaches directed toward identifying probiotics and prebiotics for human use. J. Nutr. 130(S2):391-395

Gibson GR, Probert HM, van Loo J, Rastall RA, Roberfroid MB (2004) Dietary modulation of the human colonic microbiota: updating the concept of prebiotics. NRR 17(02):259

Giese MW, Lecher, CS (2009b) Non-enzymatic cyclization of creatine ethyl ester to creatinine. Biochem Biophys Res Commun 388:252-255

Gill SR (2006) Metagenomic Analysis of the Human Distal Gut Microbiome. Science 312(5778):1355–1359

Giusti MM, Wrolstad RE (2001) Characterization and measurement of anthocyanins by UV - visible spectroscopy. Current protocols in food analytical chemistry

Gonthier M, Remesy C, Scalbert A, Cheynier V, Souquet J, Poutanen K, Aura A (2006) Microbial metabolism of caffeic acid and its esters chlorogenic and caftaric acids by human faecal microbiota in vitro. Biomedicine & Pharmacotherapy 60(9):536–540

Gorinstein S, Zemser M, Vargas-Albores F, Ochoa JL, Paredes-Lopez O, Scheler C, Salnikow J, Martin-Belloso O, Trakhtenberg S (1999) Proteins and amino acids in beers, their contents and relationships with other analytical data. Food Chemistry 67(1):71–78

Graf BA, Ameho C, Dolnikowski GG, Milbury PE, Chen C, Blumberg JB (2006) Rat gastrointestinal tissues metabolize quercetin. The Journal of nutrition 136(1):39–44

Green RJ, Murphy AS, Schulz B, Watkins BA, Ferruzzi MG (2007) Common tea formulations modulatein vitro digestive recovery of green tea catechins. Mol Nutr Food Res 51(9):1152–1162

Grice EA, Segre JA (2011) The skin microbiome. Nat Rev Micro 9(4):244–253

Gross G, Jacobs DM, Peters S, Possemiers S, van Duynhoven J, Vaughan EE, van de Wiele T (2010) In vitro Bioconversion of Polyphenols from Black Tea and Red Wine/Grape Juice by Human Intestinal Microbiota Displays Strong Interindividual Variability. J. Agric. Food Chem. 58(18):10236–10246

Grussu D, Stewart D, McDougall GJ (2011) Berry Polyphenols Inhibit α-Amylase in vitro. Identifying Active Components in Rowanberry and Raspberry. J Agric Food Chem.59(6):2324–2331

Guarner F (2006) Enteric Flora in Health and Disease. Digestion 73(1):5–12

Guarner F, Malagelada J (2003) Gut flora in health and disease. Lancet 361(9356):512–519

Gugeler N, Klotz U (2000) Einführung in die Pharmakokinetik. Pharmakokinetische Grundkenntnisse, Prinzipien und ihre klinische Bedeutung, Terminologie und Tabellen pharmakokinetischer Daten, 2nd edn. Govi-Verl., Eschborn

Guilloteau P, Martin L, Eeckhaut V, Ducatelle R, Zabielski R, van Immerseel F (2010) From the gut to the peripheral tissues: the multiple effects of butyrate. Nutr Res Rev 23(02):366–384

Haiser HJ, Turnbaugh PJ (2012) Is it time for a metagenomic basis of therapeutics? Science 336(6086):1253 1255

Halliwell B, Zhao K, Whiteman M (2000) The gastrointestinal tract: a major site of antioxidant action? Free Radic Res 33(6):819–830

Halliwell B, Rafter J, Jenner A (2005) Health promotion by flavonoids, tocopherols, tocotrienols, and other phenols: direct or indirect effects? Antioxidant or not? The American journal of clinical nutrition 81(S1):268–276

Haminiuk CWI, Maciel GM, Plata-Oviedo MSV, Peralta RM (2012) Phenolic compounds in fruits - an overview. International Journal of Food Science & Technology 47(10):2023–2044

Hanhineva K, Törrönen R, Bondia-Pons I, Pekkinen J, Kolehmainen M, Mykkänen H, Poutanen K (2010) Impact of Dietary Polyphenols on Carbohydrate Metabolism. IJMS 11(4):1365–1402

Verzeichnisse

Harris R (2011) Creatine in health, medicine and sport: an introduction to a meeting held at Downing College, University of Cambridge, July 2010. Amino Acids 40(5):1267–1270

Hashizume K, Tsukahara T, Yamada K, Koyama H, Ushida K (2003) *Megasphaera elsdenii* JCM1772T normalizes hyperlactate production in the large intestine of fructooligosaccharide-fed rats by stimulating butyrate production. The Journal of nutrition 133(10):3187–3190

Hattori M, Taylor TD (2009) The human intestinal microbiome: a new frontier of human biology. DNA Res 16(1):1–12

He S, Sun C, Pan Y (2008) Red Wine Polyphenols for Cancer Prevention. IJMS 9(5):842–853

Hedren E, Diaz V, Svanberg U (2002) Estimation of carotenoid accessibility from carrots determined by an *in vitro* digestion method. Eur J Clin Nutr 56(5):425–430

Hehemann J, Correc G, Barbeyron T, Helbert W, Czjzek M, Michel G (2010) Transfer of carbohydrate-active enzymes from marine bacteria to Japanese gut microbiota. Nature 464(7290):908–912

Heijtz RD, Wang S, Anuar F, Qian Y, Bjorkholm B, Samuelsson A, Hibberd ML, Forssberg H, Pettersson S (2011) Normal gut microbiota modulates brain development and behavior. Proceedings of the National Academy of Sciences 108(7):3047–3052

Heim KE, Tagliaferro AR, Bobilya DJ (2002) Flavonoid antioxidants: chemistry, metabolism and structure-activity relationships. J Nutr Biochem 13(10):572–584

Hein E, Rose K, van't Slot G, Friedrich AW, Humpf H (2008) Deconjugation and Degradation of Flavonol Glycosides by Pig Cecal Microbiota Characterized by Fluorescence in Situ Hybridization (FISH). J Agric Food Chem 56(6):2281–2290

Herles C, Braune A, Blaut M (2004) First bacterial chalcone isomerase isolated from Eubacterium ramulus. Archives of microbiology 181(6):428–434

Hidalgo M, Oruna-Concha MJ, Kolida S, Walton GE, Kallithraka S, Spencer JPE, Gibson GR, Pascual-Teresa S de (2012) Metabolism of Anthocyanins by Human Gut Microflora and Their Influence on Gut Bacterial Growth. J Agric Food Chem 60(15):3882–3890

Hollman PC, Katan MB (1999) Dietary flavonoids: intake, health effects and bioavailability. Food Chem Toxicol 37(9-10):937–942

Holmes E, Kinross J, Gibson GR, Burcelin R, Jia W, Pettersson S, Nicholson JK (2012) Therapeutic Modulation of Microbiota-Host Metabolic Interactions. Science Translational Medicine 4(137):137rv6

Holzapfel WH, Haberer P, Snel J, Schillinger U, Huis in't Veld JH (1998) Overview of gut flora and probiotics. Int J Food Microbiol 41(2):85–101

Hosseini E, Grootaert C, Verstraete W, van de Wiele T (2011) Propionate as a health-promoting microbial metabolite in the human gut. Nutrition Reviews 69(5):245–258

Hummelen R, Fernandes AD, Macklaim JM, Dickson RJ, Changalucha J, Gloor GB, Reid G, Bereswill S (2010) Deep Sequencing of the Vaginal Microbiota of Women with HIV. PLoS ONE 5(8):e12078

Hur SJ, Lim BO, Decker EA, McClements DJ (2011) *In vitro* human digestion models for food applications. Food Chemistry 125(1):1–12

Huttenhower C, Gevers D, Knight R, Abubucker S, Badger JH, Chinwalla AT, Creasy HH, Earl AM, FitzGerald MG, Fulton RS, Giglio MG, Hallsworth-Pepin K, Lobos EA, Madupu R, Magrini V, Martin JC, Mitreva M, Muzny DM, Sodergren EJ, Versalovic J, Wollam AM, Worley KC, Wortman JR, Young SK, Zeng Q, Aagaard KM, Abolude OO, Allen-Vercoe E, Alm EJ, Alvarado L, Andersen GL, Anderson S, Appelbaum E, Arachchi HM, Armitage G, Arze CA, Ayvaz T, Baker CC, Begg L, Belachew T, Bhonagiri V, Bihan M, Blaser MJ, Bloom T, Bonazzi V, Paul Brooks J, Buck GA, Buhay CJ, Busam DA, Campbell JL, Canon SR, Cantarel BL, Chain PSG, Chen IA, Chen L, Chhibba S, Chu K, Ciulla DM, Clemente JC, Clifton SW, Conlan S, Crabtree J, Cutting MA, Davidovics NJ, Davis CC, DeSantis TZ, Deal C, Delehaunty KD, Dewhirst FE, Deych E, Ding Y, Dooling DJ, Dugan SP, Michael Dunne W, Scott Durkin A, Edgar RC, Erlich RL, Farmer CN, Farrell RM, Faust K, Feldgarden M, Felix VM, Fisher S, Fodor AA, Forney LJ, Foster L, Di Francesco V, Friedman J, Friedrich DC, Fronick CC, Fulton LL, Gao H, Garcia N, Giannoukos G, Giblin C, Giovanni MY, Goldberg JM, Goll J, Gonzalez A, Griggs A, Gujja S, Kinder Haake S, Haas BJ, Hamilton HA, Harris EL, Hepburn TA, Herter B, Hoffmann DE, Holder ME, Howarth C, Huang KH, Huse SM, Izard J, Jansson JK, Jiang H, Jordan C, Joshi V, Katancik JA, Keitel WA, Kelley ST, Kells C, King NB, Knights D, Kong HH, Koren O, Koren S, Kota KC,

Kovar CL, Kyrpides NC, La Rosa PS, Lee SL, Lemon KP, Lennon N, Lewis CM, Lewis L, Ley RE, Li K, Liolios K, Liu B, Liu Y, Lo C, Lozupone CA, Dwayne Lunsford R, Madden T, Mahurkar AA, Mannon PJ, Mardis ER, Markowitz VM, Mavromatis K, McCorrison JM, McDonald D, McEwen J, McGuire AL, McInnes P, Mehta T, Mihindukulasuriya KA, Miller JR, Minx PJ, Newsham I, Nusbaum C, O'Laughlin M, Orvis J, Pagani I, Palaniappan K, Patel SM, Pearson M, Peterson J, Podar M, Pohl C, Pollard KS, Pop M, Priest ME, Proctor LM, Qin X, Raes J, Ravel J, Reid JG, Rho M, Rhodes R, Riehle KP, Rivera MC, Rodriguez-Mueller B, Rogers Y, Ross MC, Russ C, Sanka RK, Sankar P, Fah Sathirapongsasuti J, Schloss JA, Schloss PD, Schmidt TM, Scholz M, Schriml L, Schubert AM, Segata N, Segre JA, Shannon WD, Sharp RR, Sharpton TJ, Shenoy N, Sheth NU, Simone GA, Singh I, Smillie CS, Sobel JD, Sommer DD, Spicer P, Sutton GG, Sykes SM, Tabbaa DG, Thiagarajan M, Tomlinson CM, Torralba M, Treangen TJ, Truty RM, Vishnivetskaya TA, Walker J, Wang L, Wang Z, Ward DV, Warren W, Watson MA, Wellington C, Wetterstrand KA, White JR, Wilczek-Boney K, Wu Y, Wylie KM, Wylie T, Yandava C, Ye L, Ye Y, Yooseph S, Youmans BP, Zhang L, Zhou Y, Zhu Y, Zoloth L, Zucker JD, Birren BW, Gibbs RA, Highlander SK, Methé BA, Nelson KE, Petrosino JF, Weinstock GM, Wilson RK, White O (2012) Structure, function and diversity of the healthy human microbiome. Nature 486(7402):207–214

Ichiyanagi T, RAHMAN M, HATANO Y, KONISHI T, IKESHIRO Y (2007) Protocatechuic acid is not the major metabolite in rat blood plasma after oral administration of cyanidin 3-O-β-d-glucopyranoside. Food Chemistry 105(3):1032–1039

Ikeda I, Tsuda K, Suzuki Y, Kobayashi M, Unno T, Tomoyori H, Goto H, Kawata Y, Imaizumi K, Nozawa A, Kakuda T (2005) Tea catechins with a galloyl moiety suppress postprandial hypertriacylglycerolemia by delaying lymphatic transport of dietary fat in rats. J Nutr 135(2):155–159

Jäger R, Purpura M, Shao A, Inoue T, Kreider RB (2011) Analysis of the efficacy, safety, and regulatory status of novel forms of creatine. Amino Acids 40(5):1369–1383

Jennings A (1981) The determination of dihydroxy phenolic compounds in extracts of plant tissues. Analytical Biochemistry 118(2):396–398

Jespers V, Menten J, Smet H, Poradosú S, Abdellati S, Verhelst R, Hardy L, Buvé A, Crucitti T (2012) Quantification of bacterial species of the vaginal microbiome in different groups of women, using nucleic acid amplification tests. BMC Microbiol 12:83

Jiménez E, Marín ML, Martín R, Odriozola JM, Olivares M, Xaus J, Fernández L, Rodríguez JM (2008) Is meconium from healthy newborns actually sterile? Research in Microbiology 159(3):187–193

Jöbstl E, O'Connell J, Fairclough JPA, Williamson MP (2004) Molecular Model for Astringency Produced by Polyphenol/Protein Interactions. Biomacromolecules 5(3):942–949

Junge W, Wortmann W, Wilke B, Waldenström J, Kurrle-Weittenhiller A, Finke J, Klein G (2001) Development and evaluation of assays for the determination of total and pancreatic amylase at 37°C according to the principle recommended by the IFCC. Clinical Biochemistry 34:607–615

Kähkönen MP, Heinonen M (2003) Antioxidant Activity of Anthocyanins and Their Aglycons. J Agric Food Chem 51(3):628–633

Kahle K, Kempf M, Schreier P, Scheppach W, Schrenk D, Kautenburger T, Hecker D, Huemmer W, Ackermann M, Richling E (2011) Intestinal transit and systemic metabolism of apple polyphenols. Eur J Nutr 50(7):507–522

Kahle K, Kraus M, Scheppach W, Ackermann M, Ridder F, Richling E (2006) Studies on apple and blueberry fruit constituents: Do the polyphenols reach the colon after ingestion? Mol Nutr Food Res 50(4-5):418–423

Kahle K, Kraus M, Scheppach W, Richling E (2005) Colonic availability of apple polyphenols--a study in ileostomy subjects. Mol Nutr Food Res 49(12):1143–1150

Kalantzi L, Goumas K, Kalioras V, Abrahamsson B, Dressman JB, Reppas C (2006) Characterization of the Human Upper Gastrointestinal Contents Under Conditions Simulating Bioavailability/Bioequivalence Studies. Pharm Res 23(1):165–176

Kameue C, Tsukahara T, Yamada K, Koyama H, Iwasaki Y, Nakayama K, Ushida K (2004) Dietary sodium gluconate protects rats from large bowel cancer by stimulating butyrate production. J Nutr 134(4):940–944

Katseres NS, Reading DW, Shayya L, DiCesare JC, Purser GH (2009) Non-enzymatic hydrolysis of creatine ethyl ester. Biochem Biophys Res Commun 386(2):363–367

Kay CD, Kroon PA, Cassidy A (2009) The bioactivity of dietary anthocyanins is likely to be mediated by their degradation products. Mol Nutr Food Res 53(S1):92-101

Kemperman RA, Bolca S, Roger LC, Vaughan EE (2010) Novel approaches for analysing gut microbes and dietary polyphenols: challenges and opportunities. Microbiology 156(11):3224–3231

Kiefer J, Beyer-Sehlmeyer G, Pool-Zobel BL (2006) Mixtures of SCFA, composed according to physiologically available concentrations in the gut lumen, modulate histone acetylation in human HT29 colon cancer cells. BJN 96(05):803-810

Kim HJ, Kim CK, Carpentier A, Poortmans JR (2011) Studies on the safety of creatine supplementation. Amino Acids 40(5):1409–1418

Klaassens ES, Boesten RJ, Haarman M, Knol J, Schuren FH, Vaughan EE, Vos WM de (2009) Mixed-Species Genomic Microarray Analysis of Fecal Samples Reveals Differential Transcriptional Responses of Bifidobacteria in Breast- and Formula-Fed Infants. Applied and Environmental Microbiology 75(9):2668–2676

Klopstock T, Elstner M, Bender A (2011) Creatine in mouse models of neurodegeneration and aging. Amino Acids 40(5):1297–1303

Knight JA (2000) Review: Free radicals, antioxidants, and the immune system. Ann Clin Lab Sci 30(2):145–158

Koenig JE, Spor A, Scalfone N, Fricker AD, Stombaugh J, Knight R, Angenent LT, Ley RE (2011) Colloquium Paper: Succession of microbial consortia in the developing infant gut microbiome. Proceedings of the National Academy of Sciences 108(S1):4578–4585

Kolida S, Gibson GR (2007) Prebiotic capacity of inulin-type fructans. J. Nutr. 137(S11):2503-2506

Kong HH (2011) Skin microbiome: genomics-based insights into the diversity and role of skin microbes. Trends in Molecular Medicine 17(6):320–328

Kung L JR, , Hession AO (1995) Preventing *in vitro* lactate accumulation in ruminal fermentations by inoculation with Megasphaera elsdenii. J Anim Sci 73(1):250–256

Kurokawa K, Itoh T, Kuwahara T, Oshima K, Toh H, Toyoda A, Takami H, Morita H, Sharma VK, Srivastava TP, Taylor TD, Noguchi H, Mori H, Ogura Y, Ehrlich DS, Itoh K, Takagi T, Sakaki Y, Hayashi T, Hattori M (2007) Comparative Metagenomics Revealed Commonly Enriched Gene Sets in Human Gut Microbiomes. DNA Research 14(4):169–181

La Garza AL de, Milagro FI, Boque N, Campión J, Martínez JA (2011) Natural inhibitors of pancreatic lipase as new players in obesity treatment. Planta Medica-Natural Products and MedicinalPlant Research 77(8):773

Lafay S, Gil-Izquierdo A, Manach C, Morand C, Besson C, Scalbert A (2006) Chlorogenic acid is absorbed in its intact form in the stomach of rats. J Nutr 136(5):1192–1197

Larsen N, Vogensen FK, van den Berg FWJ, Nielsen DS, Andreasen AS, Pedersen BK, Al-Soud WA, Sørensen SJ, Hansen LH, Jakobsen M, Bereswill S (2010) Gut Microbiota in Human Adults with Type 2 Diabetes Differs from Non-Diabetic Adults. PLoS ONE 5(2):e9085

LeBlanc JG, Laiño JE, del Valle MJ, Vannini V, van Sinderen D, Taranto MP, Valdez GF de, Giori GS de, Sesma F (2011) B-group vitamin production by lactic acid bacteria--current knowledge and potential applications. J. Appl. Microbiol. 111(6):1297–1309

Lee EM, Lee SS, Chung BY, Cho J, Lee IC, Ahn SR, Jang SJ, Kim TH (2010) Pancreatic Lipase Inhibition by C-Glycosidic Flavones Isolated from Eremochloa ophiuroides. Molecules 15(11):8251–8259

Lee S, Müller M, Rezwan K, Spencer ND (2005) Porcine gastric mucin (PGM) at the water/poly(dimethylsiloxane) (PDMS) interface: influence of pH and ionic strength on its conformation, adsorption, and aqueous lubrication properties. Langmuir 21(18):8344–8353

Lee YA, Cho EJ, Tanaka T, Yokozawa T (2007) Inhibitory activities of proanthocyanidins from persimmon against oxidative stress and digestive enzymes related to diabetes. Journal of nutritional science and vitaminology 53(3):287–292

Lemon KP, Armitage GC, Relman DA, Fischbach MA (2012) Microbiota-Targeted Therapies: An Ecological Perspective. Science Translational Medicine 4(137):137rv5

Leopoldini M, Rondinelli F, Russo N, Toscano M (2010) Pyranoanthocyanins: A Theoretical Investigation on Their Antioxidant Activity. J Agric Food Chem 58(15):8862–8871

Lewin G, Popov I (1994) Photocheluminescent detection of antiradical activity; III: a simple assay of ascorbate in blood plasma. Journal of Biochemical and Biophysical Methods 28(4):277–282

Li, Xican; Wang, Xiaozhen; Chen, Shuzhi; Chen, Dongfeng (2011): Antioxidant Activity and Mechanism of Protocatechuic Acid *in vitro*. Functional Foods in Health and Disease (7): 232–244.

Ling XZ, Kong MJ, Liu F, Zhu BH, Chen YX, Wang ZY, Li JL, Nelson KE, Xia XY, Xiang C (2010) Molecular analysis of the diversity of vaginal microbiota associated with bacterial vaginosis. BMC Genomics 11(1):488

Lo Piparo E, Scheib H, Frei N, Williamson G, Grigorov M, Chou CJ (2008) Flavonoids for Controlling Starch Digestion: Structural Requirements for Inhibiting Human α-Amylase. J Med Chem 51(12):3555–3561

Lopes-da-Silva MF, Escribano-Bailón MT, Santos-Buelga C (2007) Stability of Pelargonidin 3-glucoside in Model Solutions in the Presence and Absence of Flavanols. American Journal of Food Technology 2(7):602–617

Lozupone CA, Stombaugh JI, Gordon JI, Jansson JK, Knight R (2012) Diversity, stability and resilience of the human gut microbiota. Nature 489(7415):220–230

Macfarlane GT, Macfarlane S, Gibson GR (1998) Validation of a three-stage compound continuous culture system for investigating the effect of retention time on the ecology and metabolism of bacteria in the human colon. Microbial Ecology 35(2):180–187

Mai V, Draganov PV (2009) Recent advances and remaining gaps in our knowledge of associations between gut microbiota and human health. World J Gastroenterol 15(1):81–85

Manach C, Mazur A, Scalbert A (2005a) Polyphenols and prevention of cardiovascular diseases. Curr Opin Lipidol 16(1):77–84

Manach C, Williamson G, Morand C, Scalbert A, Rémésy C (2005b) Bioavailability and bioefficacy of polyphenols in humans. I. Review of 97 bioavailability studies. The American journal of clinical nutrition 81(S1):230-242

Manco M (2012) Gut Microbiota and Developmental Programming of the Brain: From Evidence in Behavioral Endophenotypes to Novel Perspective in Obesity. Front Cell Inf Microbio 2:109

Marchesi JR (2011) Human distal gut microbiome. Environmental Microbiology 13(12):3088–3102

Mathew S, Abraham TE (2006) Bioconversions of Ferulic Acid, an Hydroxycinnamic Acid. Critical Reviews in Microbiology 32(3):115–125

Matsumoto H, Inaba H, Kishi M, Tominaga S, Hirayama M, Tsuda T (2001) Orally Administered Delphinidin 3-Rutinoside and Cyanidin 3-Rutinoside Are Directly Absorbed in Rats and Humans and Appear in the Blood as the Intact Forms. J Agric Food Chem 49(3):1546–1551

Matsumoto H, Nakamura Y, Hirayama M, Yoshiki Y, Okubo K (2002) Antioxidant Activity of Black Currant Anthocyanin Aglycons and Their Glycosides Measured by Chemiluminescence in a Neutral pH Region and in Human Plasma. J Agric Food Chem 50(18):5034–5037

McDougall GJ, Gordon S, Brennan R, Stewart D (2005a) Anthocyanin–Flavanol Condensation Products from Black Currant (Ribes nigrum L.). J Agric Food Chem 53(20):7878–7885.

McDougall GJ, Stewart D (2005b) The inhibitory effects of berry polyphenols on digestive enzymes. Biofactors 23(4):189–195

McDougall GJ, Kulkarni NN, Stewart D (2009) Berry polyphenols inhibit pancreatic lipase activity *in vitro*. Food Chemistry 115(1):193–199

McGhie TK, Walton MC (2007) The bioavailability and absorption of anthocyanins: Towards a better understanding. Mol Nutr Food Res 51(6):702–713

Mebak – Mitteleuropäische Brautechnische Analysenkommission (2006) Brautechnische Analysenmethoden. Band Rohstoffe, Herausgeber Anger, H-M, Selbstverlag der Mebak

Mertens-Talcott SU, Talcott ST, Percival SS (2003) Low Concentrations of Quercetin and Ellagic Acid Synergistically Influence Proliferation, Cytotoxicity and Apoptosis in MOLT-4 Human Leukemia Cells–. The Journal of nutrition 133(8):2669–2674

Meydani M, Hasan ST (2010) Dietary Polyphenols and Obesity. Nutrients 2(7):737–751

Miguel MG (2011) Anthocyanins: Antioxidant and/or anti-inflammatory activities. Journal of Applied Pharmaceutical Science 1(06):7–15

Minekus, M., Marteau, P., Havenaar, R., Huis in 't Veld, J. H. J. (1995). A multi compartmental dynamic computer controlled model simulating the stomach and small intestine. Altern Lab. Anim23: 197-209.

Minekus M, Smeets-Peeters M, Bernalier A, Marol-Bonnin S, Havenaar R, Marteau P, Alric M, Fonty G, Huis in't Veld JHJ (1999) A computer-controlled system to simulate conditions of the large intestine with peristaltic mixing, water absorption and absorption of fermentation products. Applied Microbiology and Biotechnology 53(1):108–114

Moco S, Martin FJ, Rezzi S (2012) Metabolomics View on Gut Microbiome Modulation by Polyphenol-rich Foods. J. Proteome Res. 11(10):4781–4790

Molly K, Woestyne M, Verstraete W (1993) Development of a 5-step multi-chamber reactor as a simulation of the human intestinal microbial ecosystem. Applied Microbiology and Biotechnology 39(2):254–258

Monagas M, Urpi-Sarda M, Sánchez-Patán F, Llorach R, Garrido I, Gómez-Cordovés C, Andres-Lacueva C, Bartolomé B (2010) Insights into the metabolism and microbial biotransformation of dietary flavan-3-ols and the bioactivity of their metabolites. Food & Function 1(3):233

Mueller S, Saunier K, Hanisch C, Norin E, Alm L, Midtvedt T, Cresci A, Silvi S, Orpianesi C, Verdenelli MC, Clavel T, Koebnick C, Zunft HF, Dore J, Blaut M (2006) Differences in Fecal Microbiota in Different European Study Populations in Relation to Age, Gender, and Country: a Cross-Sectional Study. Applied and Environmental Microbiology 72(2):1027–1033

Musso G, Gambino R, Cassader M (2010) Obesity, Diabetes, and Gut Microbiota: The hygiene hypothesis expanded? Diabetes Care 33(10):2277–2284

Nakai M, Fukui Y, Asami S, Toyoda-Ono Y, Iwashita T, Shibata H, Mitsunaga T, Hashimoto F, Kiso Y (2005) Inhibitory Effects of Oolong Tea Polyphenols on Pancreatic Lipase *in vitro*. J Agric Food Chem 53(11):4593–4598

Nemeth K, Plumb GW, Berrin J, Juge N, Jacob R, Naim HY, Williamson G, Swallow DM, Kroon PA (2003) Deglycosylation by small intestinal epithelial cell β-glucosidases is a critical step in the absorption and metabolism of dietary flavonoid glycosides in humans. European journal of nutrition 42(1):29–42

Nicholson JK, Holmes E, Kinross J, Burcelin R, Gibson G, Jia W, Pettersson S (2012) Host-gut microbiota metabolic interactions. Science 336(6086):1262–1267

Nurmi T, Mursu J, Heinonen M, Nurmi A, Hiltunen R, Voutilainen S (2009) Metabolism of Berry Anthocyanins to Phenolic Acids in Humans. J Agric Food Chem 57(6):2274–2281

O'Hara AM, Shanahan F (2006) The gut flora as a forgotten organ. EMBO Rep 7(7):688–693

Olthof MR, Hollman PCH, Katan MB (2001) Chlorogenic acid and caffeic acid are absorbed in humans. The Journal of nutrition 131(1):66–71

Orsenigo MN, Faelli A, Biasi S de, Sironi C, Laforenza U, Paulmichl M, Tosco M (2005) Jejunal creatine absorption: what is the role of the basolateral membrane? J Membr Biol 207(3):183–195

Ottaviani E, Ventura N, Mandrioli M, Candela M, Franchini A, Franceschi C (2011) Gut microbiota as a candidate for lifespan extension: an ecological/evolutionary perspective targeted on living organisms as metaorganisms. Biogerontology 12(6):599–609

Ottman N, Smidt H, Vos WM de, Belzer C (2012) The function of our microbiota: who is out there and what do they do? Front Cell Inf Microbio 2:104

Ovaskainen M, Törrönen R, Koponen JM, Sinkko H, Hellström J, Reinivuo H, Mattila P (2008) Dietary intake and major food sources of polyphenols in Finnish adults. J Nutr 138(3):562–566

Palafox-Carlos H, Ayala-Zavala JF, González-Aguilar GA (2011) The Role of Dietary Fiber in the Bioaccessibility and Bioavailability of Fruit and Vegetable Antioxidants. Journal of Food Science 76(1):6-15

Parvez S, Malik K, Ah Kang S, Kim H (2006) Probiotics and their fermented food products are beneficial for health. J Appl Microbiol 100(6):1171–1185

Pascual-Teresa S de, Moreno DA, García-Viguera C (2010) Flavanols and Anthocyanins in Cardiovascular Health: A Review of Current Evidence. IJMS 11(4):1679–1703

Passamonti S, Terdoslavich M, Franca R, Vanzo A, Tramer F, Braidot E, Petrussa E, Vianello A (2009) Bioavailability of flavonoids: a review of their membrane transport and the function of bilitranslocase in animal and plant organisms. Curr Drug Metab 10(4):369–394

Passamonti S, Vrhovsek U, Vanzo A, Mattivi F (2003) The stomach as a site for anthocyanins absorption from food. FEBS Lett 544(1-3):210–213

Patel S, Goyal A (2012) The current trends and future perspectives of prebiotics research: a review. Biotech 2(2):115–125

Patterson PH (2011) Maternal infection and immune involvement in autism. Trends in Molecular Medicine 17(7):389–394

Pérez-Vicente A, Gil-Izquierdo A, García-Viguera C (2002) In vitro Gastrointestinal Digestion Study of Pomegranate Juice Phenolic Compounds, Anthocyanins, and Vitamin C. J Agric Food Chem 50(8):2308–2312

Perry S, Jong BC de, Solnick JV, La Sanchez ML de, Yang S, Lin PL, Hansen LM, Talat N, Hill PC, Hussain R, Adegbola RA, Flynn J, Canfield D, Parsonnet J, Pai M (2010) Infection with Helicobacter pylori Is Associated with Protection against Tuberculosis. PLoS ONE 5(1):e8804

Pflugheoft KJ, Versalovic J (2012) Human Microbiome in Health and Disease. Annu Rev Pathol Mech Dis 7(1):99–122

Poncet-Legrand C, Gautier C, Cheynier V, Imberty A (2007) Interactions between Flavan-3-ols and Poly(l -proline) Studied by Isothermal Titration Calorimetry: Effect of the Tannin Structure. J Agric Food Chem. 55(22):9235–9240

Pool-Zobel BL, Adlercreutz H, Glei M, Liegibel UM, Sittlingon J, Rowland I, Wahala K, Rechkemmer G (2000) Isoflavonoids and lignans have different potentials to modulate oxidative genetic damage in human colon cells. Carcinogenesis 21(6):1247–1252

Prabhu R, Altman E, Eiteman MA (2012) Lactate and Acrylate Metabolism by Megasphaera elsdenii under Batch and Steady-State Conditions. Applied and Environmental Microbiology 78(24):8564–8570

Preidis GA, Versalovic J (2009) Targeting the Human Microbiome With Antibiotics, Probiotics, and Prebiotics: Gastroenterology Enters the Metagenomics Era. Gastroenterology 136(6):2015–2031

Prior RL, Wu X (2006) Anthocyanins: Structural characteristics that result in unique metabolic patterns and biological activities. Free Radic Res 40(10):1014–1028

Puupponen-Pimia R, Aura A, Karppinen S, Oksman-Caldentey K, Poutanen K (2004) Interactions between Plant Bioactive Food Ingredients and Intestinal Flora—Effects on Human Health. Bioscience and Microflora 23(2):67–80

Qin J, Li R, Raes J, Arumugam M, Burgdorf KS, Manichanh C, Nielsen T, Pons N, Levenez F, Yamada T, Mende DR, Li J, Xu J, Li S, Li D, Cao J, Wang B, Liang H, Zheng H, Xie Y, Tap J, Lepage P, Bertalan M, Batto J, Hansen T, Le Paslier D, Linneberg A, Nielsen HB, Pelletier E, Renault P, Sicheritz-Ponten T, Turner K, Zhu H, Yu C, Li S, Jian M, Zhou Y, Li Y, Zhang X, Li S, Qin N, Yang H, Wang J, Brunak S, Dore J, Guarner F, Kristiansen K, Pedersen O, Parkhill J, Weissenbach J, Bork P, Ehrlich SD, Wang J (2010) A human gut microbial gene catalogue established by metagenomic sequencing. Nature 464(7285):59–65

Quideau S, Deffieux D, Douat-Casassus C, Pouységu L (2011) Pflanzliche Polyphenole: chemische Eigenschaften, biologische Aktivität und Synthese. Angew Chem. 123(3):610–646

Rajilić-Stojanović M, Heilig HGHJ, Molenaar D, Kajander K, Surakka A, Smidt H, Vos WM de (2009) Development and application of the human intestinal tract chip, a phylogenetic microarray: analysis of universally conserved phylotypes in the abundant microbiota of young and elderly adults. Environmental Microbiology 11(7):1736–1751

Ravel J, Gajer P, Abdo Z, Schneider GM, Koenig SSK, McCulle SL, Karlebach S, Gorle R, Russell J, Tacket CO, Brotman RM, Davis CC, Ault K, Peralta L, Forney LJ (2011) Vaginal microbiome of reproductive-age women. Proc Natl Acad Sci U.S.A. 108 (S1):4680–4687

Rawel HM, Meidtner K, Kroll J (2005) Binding of Selected Phenolic Compounds to Proteins. J Agric Food Chem 53(10):4228–4235

Rechner AR, Smith MA, Kuhnle G, Gibson GR, Debnam ES, Srai SKS, Moore KP, Rice-Evans CA, Rechner A (2004) Colonic metabolism of dietary polyphenols: influence of structure on microbial fermentation products. Free Radic Biol Med 36(2):212–225

Rehner G, Daniel H (2010) Biochemie der Ernährung, 3rd edn. Spektrum Akademischer Verlag, Heidelberg

Renaud S, Lorgeril M de (1992) Wine, alcohol, platelets, and the French paradox for coronary heart disease. The Lancet 339(8808):1523–1526

Reuter S, Gupta SC, Chaturvedi MM, Aggarwal BB (2010) Oxidative stress, inflammation, and cancer: How are they linked? Free Radical Biology and Medicine 49(11):1603–1616

Roberfroid M, Gibson GR, Hoyles L, McCartney AL, Rastall R, Rowland I, Wolvers D, Watzl B, Szajewska H, Stahl B, Guarner F, Respondek F, Whelan K, Coxam V, Davicco M, Léotoing L, Wittrant Y, Delzenne NM, Cani PD, Neyrinck AM, Meheust A (2010) Prebiotic effects: metabolic and health benefits. Br J Nutr 104(S2):1-63

Rosazza JPN, Huang Z, Dostal L, Volm T, Rousseau B (1995) Review: Biocatalytic transformations of ferulic acid: An abundant aromatic natural product. Journal of Industrial Microbiology 15(6):457–471

Rösch D, Mügge C, Fogliano V, Kroh LW (2004) Antioxidant Oligomeric Proanthocyanidins from Sea Buckthorn (Hippophaë rhamnoides) Pomace. J Agric Food Chem 52(22):6712–6718

Rosenblat M, Volkova N, Attias J, Mahamid R, Aviram M (2010) Consumption of polyphenolic-rich beverages (mostly pomegranate and black currant juices) by healthy subjects for a short term increased serum antioxidant status, and the serum's ability to attenuate macrophage cholesterol accumulation. Food & Function 1(1):99

Salas E, Fulcrand H, Meudec E, Cheynier V (2003) Reactions of Anthocyanins and Tannins in Model Solutions. J Agric Food Chem 51(27):7951–7961

Sánchez-Maldonado A, Schieber A, Gänzle M (2011) Structure-function relationships of the antibacterial activity of phenolic acids and their metabolism by lactic acid bacteria. Journal of Applied Microbiology 111(5):1176–1184

Santos-Buelga C, Bravo-Haro S, Rivas-Gonzalo JC (1995) Interactions between catechin and malvidin-3-monoglucoside in model solutions. Z Lebensm Unters Forch 201(3):269–274

Satokari R, Grönroos T, Laitinen K, Salminen S, Isolauri E (2009) Bifidobacterium and Lactobacillus DNA in the human placenta. Letters in Applied Microbiology 48(1):8–12

Scalbert A, Williamson G (2000) Dietary intake and bioavailability of polyphenols. The Journal of nutrition 130(8):2073-2085

Schneider H, Blaut M (2000) Anaerobic degradation of flavonoids by Eubacterium ramulus. Archives of microbiology 173(1):71–75

Schoefer L, Mohan R, Schwiertz A, Braune A, Blaut M (2003) Anaerobic Degradation of Flavonoids by Clostridium orbiscindens. Applied and Environmental Microbiology 69(10):5849–5854

Schoefer L, Braune A, Blaut M (2004) Cloning and expression of a phloretin hydrolase gene from Eubacterium ramulus and characterization of the recombinant enzyme. Appl Environ Microbiol 70(10):6131–6137

Schütt D, Hageböck M, Bader J, Gerlach EM, Stahl U, Garbe LA (2011) Microbial metabolism of secondary plant metabolites by a simulated digestion model. Current Opinion in Biotechnology 22: 97

Schütt D, Hageböck M, Bader J, Stahl U, Garbe LA (2013) Verhalten und Analytik von Anthocyanen im simulierten In-vitro-Verdauungsmodell. Deutsche Lebensmittel-Rundschau 109(1):40–47

Schwartz S, Friedberg I, Ivanov IV, Davidson LA, Goldsby JS, Dahl DB, Herman D, Wang M, Donovan SM, Chapkin R (2012) A metagenomic study of diet-dependent interaction between gut microbiota and host in infants reveals differences in immune response. Genome Biol 13(4):R32

Seeram NP, Nair MG (2002) Inhibition of Lipid Peroxidation and Structure–Activity-Related Studies of the Dietary Constituents Anthocyanins, Anthocyanidins, and Catechins. J Agric Food Chem 50(19):5308–5312

Selma MV, Espín JC, Tomás-Barberán FA (2009) Interaction between Phenolics and Gut Microbiota: Role in Human Health. J Agric Food Chem 57(15):6485–6501

Serafini M, Maiani G, Ferro-Luzzi A (1998) Alcohol-free red wine enhances plasma antioxidant capacity in humans. J Nutr 128(6):1003–1007

Serra A, Macià A, Romero M, Valls J, Bladé C, Arola L, Motilva M (2010) Bioavailability of procyanidin dimers and trimers and matrix food effects in in vitro and in vivo models. Br J Nutr 103(07):944

Shivashankara KS, Acharya SN (2010) Bioavailability of dietary polyphenols and cardiovascular diseases. The Open Nutraceuticals J 3:227–241

Siebert KJ (2006) Haze formation in beverages. LWT - Food Science and Technology 39(9):987–994

Spillane M, Schoch R, Cooke M, Harvey T, Greenwood M, Kreider R, Willoughby DS (2009) The effects of creatine ethyl ester supplementation combined with heavy resistance training on body composition, muscle performance, and serum and muscle creatine levels. J Int Soc Sports Nutr 6(6):1-14.

Stalmach A, Edwards CA, Wightman JD, Crozier A (2012a) Colonic catabolism of dietary phenolic and polyphenolic compounds from Concord grape juice. Food & Function 4(1):52

Stalmach A, Edwards CA, Wightman JD, Crozier A (2012b) Gastrointestinal stability and bioavailability of (poly)phenolic compounds following ingestion of Concord grape juice by humans. Mol Nutr Food Res 56(3):497–509

Stockley C, Teissedre P, Boban M, Di Lorenzo C, Restani P (2012) Bioavailability of wine-derived phenolic compounds in humans: a review. Food & Function 3(10):995

Streit WR, Schmitz RA (2004) Metagenomics – the key to the uncultured microbes. Current Opinion in Microbiology 7(5):492–498

Strelec I, Has-Schön E, Vitale L (2011) Differentiation of Croatian barley varieties by gradient gel SDS-PAGE and isoelectric focusing of dry grains and green malt hordeins. Poljoprivreda 17(1):23–27

Sudo N, Chida Y, Aiba Y, Sonoda J, Oyama N, Yu X, Kubo C, Koga Y (2004) Postnatal microbial colonization programs the hypothalamic-pituitary-adrenal system for stress response in mice. J Physiol (Lond) 558(1):263–275

Sugiyama H, Akazome Y, Shoji T, Yamaguchi A, Yasue M, Kanda T, Ohtake Y (2007) Oligomeric Procyanidins in Apple Polyphenol Are Main Active Components for Inhibition of Pancreatic Lipase and Triglyceride Absorption. J Agric Food Chem 55(11):4604–4609

Talavéra S, Felgines C, Texier O, Besson C, Gil-Izquierdo A, Lamaison J, Rémésy C (2005) Anthocyanin metabolism in rats and their distribution to digestive area, kidney, and brain. Journal of agricultural and food chemistry 53(10):3902–3908

Talavéra S, Felgines C, Texier O, Besson C, Gil-Izquierdo A, Lamaison J, Rémésy C (2005) Anthocyanin Metabolism in Rats and Their Distribution to Digestive Area, Kidney, and Brain. J Agric Food Chem 53(10):3902–3908

Topping DL, Clifton PM (2001) Short-chain fatty acids and human colonic function: roles of resistant starch and nonstarch polysaccharides. Physiol Rev 81(3):1031–1064

Toribara NW, Am Roberton, Ho SB, Kuo WL, Gum E, Hicks JW, Gum Jr, JR, Byrd JC, Siddiki B, Kim YS (1993) Human gastric mucin. Identification of a unique species by expression cloning. Journal of Biological Chemistry 268(8):5879–5885

Tremaroli V, Bäckhed F (2012) Functional interactions between the gut microbiota and host metabolism. Nature 489(7415):242–249

Tsao R (2010) Chemistry and Biochemistry of Dietary Polyphenols. Nutrients 2(12):1231–1246

Tsao R, Yang R, Xie S, Sockovie E, Khanizadeh S (2005) Which Polyphenolic Compounds Contribute to the Total Antioxidant Activities of Apple? J Agric Food Chem 53(12):4989–4995

Tsukahara T, Hashizume K, Koyama H, Ushida K (2006) Stimulation of butyrate production through the metabolic interaction among lactic acid bacteria, Lactobacillus acidophilus, and lactic acid-utilizing bacteria, Megasphaera elsdenii, in porcine cecal digesta. Animal Sci J 77(4):454–461

Tsukahara T, Koyama H, Okada M, Ushida K (2002) Stimulation of butyrate production by gluconic acid in batch culture of pig cecal digesta and identification of butyrate-producing bacteria. The Journal of nutrition 132(8):2229–2234

Tuohy KM, Rouzaud GCM, Brück WM, Gibson GR (2005) Modulation of the human gut microflora towards improved health using prebiotics--assessment of efficacy. Curr Pharm Des 11(1):75–90

Tuohy KM, Gougoulias C, Shen Q, Walton G, Fava F, Ramnani P (2009) Studying the human gut microbiota in the trans-omics era--focus on metagenomics and metabonomics. Curr Pharm Des 15(13):1415–1427

Turnbaugh PJ, Hamady M, Yatsunenko T, Cantarel BL, Duncan A, Ley RE, Sogin ML, Jones WJ, Roe BA, Affourtit JP, Egholm M, Henrissat B, Heath AC, Knight R, Gordon JI (2008) A core gut microbiome in obese and lean twins. Nature 457(7228):480–484

Turnbaugh PJ, Ley RE, Hamady M, Fraser-Liggett CM, Knight R, Gordon JI (2007) The human microbiome project. Nature 449(7164):804–810

Uzunović A, Vranić E (2008) Stability of anthocyanins from commercial black currant juice under simulated gastrointestinal digestion. Bosn J Basic Med Sci 8(3):254–258

Vacek J, Ulrichová J, Klejdus B, Šimánek V (2010) Analytical methods and strategies in the study of plant polyphenolics in clinical samples. Anal Methods 2(6):604

Valko M, Rhodes C, Moncol J, Izakovic M, Mazur M (2006) Free radicals, metals and antioxidants in oxidative stress-induced cancer. Chemico-Biological Interactions 160(1):1–40

van de Wiele TR, Oomen AG, Wragg J, Cave M, Minekus M, Hack A, Cornelis C, Rompelberg CJM, Zwart LL de, Klinck B (2007) Comparison of five in vitro digestion models to in vivo experimental results: lead bioaccessibility in the human gastrointestinal tract. Journal of Environmental Science and Health Part A 42(9):1203–1211

van den Abbeele P, Grootaert C, Marzorati M, Possemiers S, Verstraete W, Gerard P, Rabot S, Bruneau A, El Aidy S, Derrien M, Zoetendal E, Kleerebezem M, Smidt H, van de Wiele T (2010) Microbial Community Development in a Dynamic Gut Model Is Reproducible, Colon Region Specific, and Selective for Bacteroidetes and Clostridium Cluster IX. Applied and Environmental Microbiology 76(15):5237–5246

van Dorsten FA, Peters S, Gross G, Gomez-Roldan V, Klinkenberg M, Vos R de, Vaughan E, van Duynhoven JP, Possemiers S, van de Wiele T, Jacobs DM (2012) Gut Microbial Metabolism of Polyphenols from Black Tea and Red Wine/Grape Juice Is Source-Specific and Colon-Region Dependent. J Agric Food Chem 60(45):11331–11342

van Duynhoven J, Vaughan EE, Jacobs DM, A. Kemperman R, van Velzen EJJ, Gross G, Roger LC, Possemiers S, Smilde AK, Dore J, Westerhuis JA, van de Wiele T (2011) Colloquium Paper: Metabolic fate of polyphenols in the human superorganism. Proceedings of the National Academy of Sciences 108(S1):4531–4538

Vandeputte OM, Kiendrebeogo M, Rasamiravaka T, Stevigny C, Duez P, Rajaonson S, Diallo B, Mol A, Baucher M, El Jaziri M (2011) The flavanone naringenin reduces the production of quorum sensing-controlled virulence factors in Pseudomonas aeruginosa PAO1. Microbiology 157(7):2120–2132

Vanderhaegen B, Neven H, Verachtert H, Derdelinckx G (2006) The chemistry of beer aging – a critical review. Food Chemistry 95(3):357–381

Vauzour D (2012) Dietary Polyphenols as Modulators of Brain Functions: Biological Actions and Molecular Mechanisms Underpinning Their Beneficial Effects. Oxidative Medicine and Cellular Longevity 2012(1):1–16

Viljanen, Kaarina; Kylli, Petri; Hubbermann, Eva-Maria; Schwarz, Karin; Heinonen, Marina (2005): Anthocyanin antioxidant activity and partition behavior in whey protein emulsion. J Agric Food Chem 53(6):2022–2027

Visconti R, Grieco D (2009) New insights on oxidative stress in cancer. Curr Opin Drug Discov Devel 12(2):240–245

Vita JA (2005) Polyphenols and cardiovascular disease: effects on endothelial and platelet function. The American journal of clinical nutrition 81(S1):292–297

Vitaglione P, Donnarumma G, Napolitano A, Galvano F, Gallo A, Scalfi L, Fogliano V (2007) Protocatechuic acid is the major human metabolite of cyanidin-glucosides. J Nutr 137(9):2043–2048

Walker AW, Ince J, Duncan SH, Webster LM, Holtrop G, Ze X, Brown D, Stares MD, Scott P, Bergerat A, Louis P, McIntosh F, Johnstone AM, Lobley GE, Parkhill J, Flint HJ (2010) Dominant and diet-responsive groups of bacteria within the human colonic microbiota. ISME J 5(2):220–230

Walle T, Browning AM, Steed LL, Reed SG, Walle UK (2005) Flavonoid glucosides are hydrolyzed and thus activated in the oral cavity in humans. The Journal of nutrition 135(1):48–52

Wang Y (2009) Prebiotics: Present and future in food science and technology. Food Research International 42(1):8–12

Wiese S, Gärtner S, Rawel HM, Winterhalter P, Kulling SE (2009) Protein interactions with cyanidin-3-glucoside and its influence on α-amylase activity. J Sci Food Agric 89(1):33–40

Williamson G, Clifford MN (2010) Colonic metabolites of berry polyphenols: the missing link to biological activity? Br J Nutr 104(S3):48–66

Williamson G, Holst B (2008) Dietary reference intake (DRI) value for dietary polyphenols: are we heading in the right direction? BJN 99(S3):55-58

Winter J, Moore LH, Dowell VR, Bokkenheuser VD (1989) C-ring cleavage of flavonoids by human intestinal bacteria. Applied and Environmental Microbiology 55(5):1203–1208

Woodward G, Kroon P, Cassidy A, Kay C (2009) Anthocyanin Stability and Recovery: Implications for the Analysis of Clinical and Experimental Samples. J Agric Food Chem 57(12):5271–5278

Woodward GM, Needs PW, Kay CD (2011) Anthocyanin-derived phenolic acids form glucuronides following simulated gastrointestinal digestion and microsomal glucuronidation. Mol Nutr Food Res 55(3):378–386

Wu GD, Chen J, Hoffmann C, Bittinger K, Chen Y, Keilbaugh SA, Bewtra M, Knights D, Walters WA, Knight R, Sinha R, Gilroy E, Gupta K, Baldassano R, Nessel L, Li H, Bushman FD, Lewis JD (2011) Linking Long-Term Dietary Patterns with Gut Microbial Enterotypes. Science 334(6052):105–108

Yatsunenko T, Rey FE, Manary MJ, Trehan I, Dominguez-Bello MG, Contreras M, Magris M, Hidalgo G, Baldassano RN, Anokhin AP, Heath AC, Warner B, Reeder J, Kuczynski J, Caporaso JG, Lozupone CA, Lauber C, Clemente JC, Knights D, Knight R, Gordon JI (2012) Human gut microbiome viewed across age and geography. Nature 486:222-227

You Q, Chen F, Wang X, Luo PG, Jiang Y (2011) Inhibitory Effects of Muscadine Anthocyanins on α-Glucosidase and Pancreatic Lipase Activities. J Agric Food Chem 59(17):9506–9511

Yu LC (2012) Host-microbial interactions and regulation of intestinal epithelial barrier function: From physiology to pathology. WJGP 3(1):27

Zietz M, Weckmüller A, Schmidt S, Rohn S, Schreiner M, Krumbein A, Kroh LW (2010) Genotypic and Climatic Influence on the Antioxidant Activity of Flavonoids in Kale *(Brassica oleracea var. sabellica)*. J Agric Food Chem 58(4):2123–2130

8.2 Abbildungsverzeichnis

Abbildung 1: Einteilung wichtiger Polyphenole nach ihrer Struktur 13
Abbildung 2: Prozentuales Verhältnis der mit der Nahrung aufgenommenen Polyphenole in Finnland 14
Abbildung 3: Funktionelle Gruppen der Polyphenole, die wesentlich zum antioxidativen Potential beitragen 15
Abbildung 4: Schematische Übersicht über Resorption und Metabolisierung von Polyphenolen im Menschen 18
Abbildung 5: Vereinfachtes Schema des *in vitro* Verdauungsmodells 27
Abbildung 6: Metabolisierung von Gluconsäure durch *Lactobacillus reuteri* in Abhängigkeit von der Zeit im simulierten Dünndarm 37
Abbildung 7: Prozentuale Verteilung der Metabolite von *Megasphaera elsdenii* nach 5stündiger Fermentation in der Dickdarmstufe 38
Abbildung 8: Metabolisierung von Cyanidin-3-O-rutinosid in Abhängigkeit von der Zeit 39
Abbildung 9: Korrelation von antioxidativem Potential zu monomerem und polymerem Cyanidin-3-O-rutinosid über verschiedene Verdauungsstufen 40
Abbildung 10: Vergleich der Stabilität von Cyanidin-3-O-rutinosid, Cyanidin und Delphinidin in der simulierten Magen- und Dünndarmstufe Doudenum 42
Abbildung 11: Abbauprodukte von Cyanidin in der simulierten Magen- und Dünndarmstufe Doudenum 43
Abbildung 12: Abbauprodukte von Delphinidin in der simulierten Magen- und Dünndarmstufe Doudenum 44
Abbildung 13: Metabolisierung von Quercetin-3,4'-diglucosid über mehrere simulierte Verdauungsstufen 45
Abbildung 14: Metabolisierung von Quercetin über mehrere simulierte Verdauungsstufen 46
Abbildung 15: Postulierter Strukturvorschlag des mittels LC-MS-Analyse identifizierten Produktes bei der simulierten Verdauung von Quercetin 46
Abbildung 16: Konzentrationen verschiedener Hydroxyzimtsäuren während der Simulierung im *in vitro* Verdauungsmodell 47
Abbildung 17: Umsetzung von Ferulasäure zum postulierten LC-MS-Produkt M=150 g/mol 48
Abbildung 18: Einfluss von Mucin auf die gemessene Konzentration von Kaffeesäure 49
Abbildung 19: Konzentration von Chlorogensäure während der Simulierung im *in vitro* Verdauungsmodell 50
Abbildung 20: Konzentration von Brenzcatechin während der Simulierung im *in vitro* Verdauungsmodell 51
Abbildung 21: Anthocyankonzentrationen von Heißextrakt über verschiedene simulierte Verdauungsstufen 52
Abbildung 22: Antioxidatives Potential und Verlauf der OD bei 520 nm für monomere und polymere Anthocyane beim Einsatz von Heißextrakt im *in vitro* Verdauungsmodell 53

Verzeichnisse

Abbildung 23: Anthocyankonzentrationen von Johannisbeersaft während der Simulierung im *in vitro* Verdauungsmodell 55

Abbildung 24: Restgehalte an Cyanidin-3-O-rutinosid nach der Simulierung von Magen- und Dünndarmstufe im *in vitro* Verdauungsmodell beim Einsatz von Johannisbeersaft 56

Abbildung 25: Vergleich der Konzentrationen an Cyanidin-3-O-rutinosid nach der Inkubation von Johannisbeersaft mit verschiedenen Bakteriengattungen in der simulierten Dickdarmpassage 58

Abbildung 26: Antioxidatives Potential und Verlauf der OD bei 520 nm für monomere und polymere Anthocyane beim Einsatz von Johannisbeersaft im *in vitro* Verdauungsmodell 59

Abbildung 27: Anthocyankonzentrationen vom Gärgetränk während der Simulierung im *in vitro* Verdauungsmodell 60

Abbildung 28: Antioxidatives Potential und Verlauf der OD bei 520 nm für monomere und polymere Anthocyane beim Einsatz von Gärgetränk im *in vitro* Verdauungsmodell 61

Abbildung 29: Vergleich der Restgehalte an Cyanidin-3-O-rutinosid nach verschiedenen Verdauungsstufen und Ausgangsproteingehalte der Produkte 62

Abbildung 30: Aktivitätsbestimmung von α-Amylase in Bezug auf zugegebene Gallussäureäquivalente (GAE) von phenolreichen Substanzen 64

Abbildung 31: Aktivitätsbestimmung von Lipase bei Zugabe von vergorener Bierwürze mit Johannisbeersaft 65

Abbildung 32: Verfolgung der Auflösung der Kapselhülle eines Kreatinderivates in synthetischem Magensaft 66

Abbildung 33: Verhältnis von Kreatinin zu eingesetzter Kreatinmenge verschiedener Kreatinderivate über mehrere Verdauungsstufen 68

8.3 Tabellenverzeichnis

Tabelle 1: Übersicht über postulierte Wirkungen von Polyphenolen auf die menschliche Gesundheit ... 17
Tabelle 2: Übersicht über verwendete Stämme und eingesetzte Vorkulturmedien ... 24
Tabelle 3: Zusammensetzung des PYGm-Mediums ... 25
Tabelle 4: Zusammensetzung des Reduktionsmediums ... 25
Tabelle 5: Übersicht über die im Verdauungsmodell eingesetzten Kreatinderivate ... 29
Tabelle 6: Gradient zur HPLC-Bestimmung der Anthocyane ... 31
Tabelle 7: HPLC-Gradientenprogramm zur Analyse der phenolischen Substanzen ... 32
Tabelle 8: Gradientenprogramm zur LC-MS-Analyse ... 33
Tabelle 9: Wiederfindungsraten von Anthocyanen und deren Aglyconen ... 42
Tabelle 10: HPLC-Analyse von Heißextrakt aus Johannisbeertrester ... 52
Tabelle 11: HPLC-Analyse von Johannisbeersaft ... 54
Tabelle 12: Eingesetzte Mischkulturen verschiedener Gattungen in der simulierten Dickdarmpassage ... 57
Tabelle 13: HPLC-Analyse von vergorener Bierwürze mit Johannisbeersaft ... 60
Tabelle 14: Ermittelte pH-Werte der Derivatsuspensionen und Ansätze in der simulierten Magenpassage ... 67
Tabelle 15: mittels LC-MS-Analysen identifizierte Massen und postulierte Metabolite von Kaffeesäure nach Umsetzung im *in vitro* Verdauungsmodell ... 108
Tabelle 16: mittels LC-MS-Analysen identifizierte Massen und postulierte Metabolite von Sinapinsäure nach Umsetzung im *in vitro* Verdauungsmodell ... 108

Verzeichnisse

8.4 Abkürzungen und Formelzeichen

a	≙	Enzymaktivität
A_{ges}	≙	Extinktion der gesamten Anthocyane
A_{mono}	≙	Extinktion der monomeren Anthocyane
A_{poly}	≙	Extinktion der polymeren Anthocyane
ACW	≙	Antioxidatives Potential wasserlöslicher Substanzen
AscEq	≙	Ascorbinsäureäquivalente
Bidest.	≙	doppelt destilliertes Wasser
BVL	≙	Bundesamt für Verbraucherschutz und Lebensmittelsicherheit
AOP	≙	antioxidatives Potential
DMPTB	≙	2,3-dimercapto-1-propanol tributyrat
DRCM	≙	Differential Reinforced Clostridium Medium
EBC	≙	European Brewery Convention
GAE	≙	Gallussäureäquivalente
HIV	≙	Humanes-Immundefizienz-Virus
HPLC	≙	High-Performance-Liquid-Chromatography
IFCC	≙	International Federation of Clinical Chemistry and Laboratory Medicine
IC_{50}	≙	Konzentration einer Substanz, die zur 50%igen Inhibierung der Enzymaktivität führt
IP	≙	isoelektrischer Punkt
LC-MS	≙	Flüssigchromatographie gekoppelt mit Massenspektrometrie
M	≙	molare Masse
Mebak	≙	Mitteleuropäische Brautechnische Analysenkommission
m/z	≙	Verhältnis von Masse zu Ladung in der Massenspektrometrie
PNP	≙	p-Nitrophenol
PYGm	≙	modifiziertes Pepton-Hefeextrakt-Glucose-Medium
OD	≙	optische Dichte
PGA	≙	Phloruglucinolaldehyd
RNS	≙	reaktive Stickstoff Spezies
ROS	≙	reaktive Sauerstoff Spezies
SCFA	≙	kurzkettige Fettsäuren
St1	≙	Standard 1 Nährmedium
V	≙	eingesetztes Probenvolumen
VF	≙	Verdünnungsfaktor der Probe
Z	≙	Zellen

9 Anhang

Tabelle 15: mittels LC-MS-Analysen identifizierte Massen und postulierte Metabolite von Kaffeesäure nach Umsetzung im *in vitro* Verdauungsmodell

Hydroxyzimtsäure	Masse der Metabolite [g/mol]	Strukturvorschlag
Kaffeesäure MW 180,16 g/mol	312	(*E*)-3-(5-(2,3-dihydroxy-5-vinylphenyl)-3,4-dioxocyclohexa-1,5-dienyl)acrylic acid Chemical Formula: $C_{17}H_{12}O_6$ Exact Mass: 312,06 Molecular Weight: 312,27
	314	(*E*)-3-(5,5',6,6'-tetrahydroxy-3'-vinylbiphenyl-3-yl)acrylic acid Chemical Formula: $C_{17}H_{14}O_6$ Exact Mass: 314,08 Molecular Weight: 314,29
	463	(*E*)-3-(5-(5-((*E*)-2-carboxyvinyl)-2,3-dihydroxyphenyl)-2-(2,3-dihydroxyphenyl)-3,4-dioxocyclohexa-1,5-dienyl)acrylic acid Chemical Formula: $C_{24}H_{16}O_{10}$ Exact Mass: 464,07 Molecular Weight: 464,38

Tabelle 16: mittels LC-MS-Analysen identifizierte Massen und postulierte Metabolite von Sinapinsäure nach Umsetzung im *in vitro* Verdauungsmodell

Anhang

Hydroxyzimtsäure	Masse der Metabolite [g/mol]	Strukturvorschlag
Sinapinsäure MW 224,21 g/mol	402	Chemical Formula: $C_{20}H_{18}O_9$ Exact Mass: 402,1 Molecular Weight: 402,35
	446	Chemical Formula: $C_{22}H_{22}O_{10}$ Exact Mass: 446,12 Molecular Weight: 446,4

i want morebooks!

Buy your books fast and straightforward online - at one of world's fastest growing online book stores! Environmentally sound due to Print-on-Demand technologies.

Buy your books online at
www.get-morebooks.com

Kaufen Sie Ihre Bücher schnell und unkompliziert online – auf einer der am schnellsten wachsenden Buchhandelsplattformen weltweit! Dank Print-On-Demand umwelt- und ressourcenschonend produziert.

Bücher schneller online kaufen
www.morebooks.de

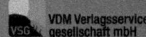 VDM Verlagsservicegesellschaft mbH
Heinrich-Böcking-Str. 6-8   Telefon: +49 681 3720 174   info@vdm-vsg.de
D - 66121 Saarbrücken   Telefax: +49 681 3720 1749   www.vdm-vsg.de

Printed by Books on Demand GmbH, Norderstedt / Germany